JN183539

海の生き物はなぜ多様な性を示すのか

数学で解き明かす謎

山口　幸［著］

コーディネーター　巌佐　庸

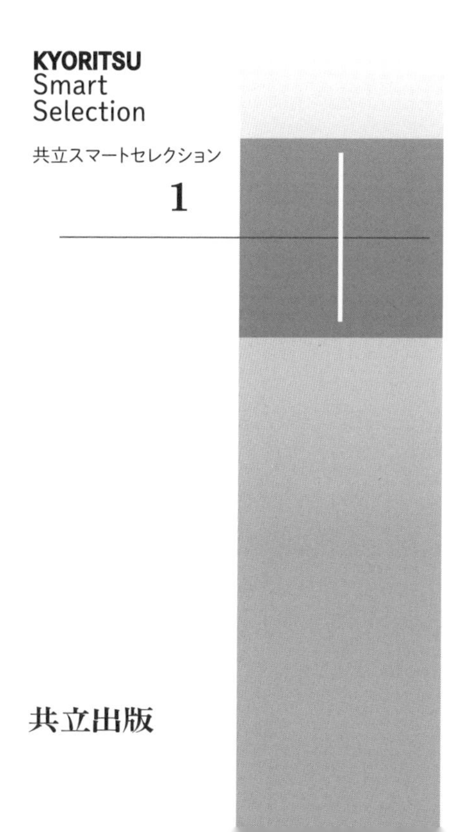

KYORITSU
Smart
Selection

共立スマートセレクション

1

共立出版

まえがき—私が数理生物学に出会うまで

私は奈良の田舎で育ち，まわりにはたくさんの自然があった．春になれば近所の土手でツクシを摘み，夏はどぶ川にアメンボやザリガニをとりにいってはボチャンと川にはまっていた．おそらく私の胃には，ピロリ菌がいるのではないかと思う．秋は稲刈り後の田んぼで遊ぶのが好きで，冬はサザンカの花をぶちっと摘んで帰っていた．小学生の頃は，おばあちゃんに近くの昆虫館へ毎週連れて行ってもらって，標本箱のきれいな蝶を眺めたり，温室で放し飼いにされている本物の蝶を追いかけたりするのが楽しみだった．虫や植物と触れる機会がとても多く，将来は自然にかかわる仕事をするだろうと思っていた．

中学生になると，街の学校に進学したので自然に接する機会は極端に減ってしまった．その代わり，化学実験に興味をもちはじめ，科学部に入って理科室で分子模型や葉脈の標本を作るようになった．高校では，科学部がなかったことから生物部に入り，ハムスターに芸を教えようとしたり，熱帯魚を飼ったり，理科室でりんご飴を作ったり（一応実験としてである），好きなことばかりしていたと思う．そのため，「理科室の住人」というあだ名がついた．この頃には，学校の理科の先生に憧れ，大学を卒業したら山間部の中学校の理科の先生になって，近所のおばあちゃんに白菜をもらって過ごしたいと思っていた．

大学は，高校時代の物理の先生に憧れて物理科学科に入学し，この世界に存在するさまざまな力の大統一理論を作ろう！　と意気込んでいた．しかし，複素数がたくさん出てくる世界より，実数の世界で生きていたいと思うようになった．そして自分が好きだった虫や植物などの生物と物理をつなぐ研究はないだろうかと探しはじめた．そんなとき，大学の掲示板に「公開臨海実習のお知らせ」が貼り出されていて，「これに行ってみよう」と突如思い立ち参加を決めた．大学２年生の３月のことである．海のない奈良県育ちで，海に触れたことがほとんどなかったのだ．もちろん車窓から海を眺めるということはこれまでにあったが，海で泳ぐという経験をしたのはこの実習よりもっと後の大学院生のときだ．臨海実習に参加して，「海の生物ってなぜこんなに多様なのだろう！」とものすごく感動した．おかしな形の生物がいっぱいいるなあと思って興味をもち，そこで純粋な生物学を目指すか迷ったのだが，高校でも生物を履修していなかったので，さてどうしたものか．悩んでいたときに，一般教養の授業で数学を使って生物を解き明かす数理生物学という分野があることを知った．この道に進むのも面白いかな，と．

私の専門分野「数理生物学」は，その名のとおり「数学」と「物理学」，「生物学」の３つの学問が融合した分野である．数学も物理も生物も一緒に研究できるなんて！　と欲張りな私にとっては最高の研究領域だった．「数理生物学」は数理の知識を使って生命現象を明らかにしていくので，ゲノムの発現，酵素やホルモンなどの動態，そして生物同士の競争や多様な種の共存など，ミクロからマクロまで研究対象は多岐にわたっている．その中でも私は，生物のふるまいや生き方を，数学モデルを使って解き明かそうとしている．たとえば生物一個体一個体が，自分の子どもを最も多く残すためにはどのような生き方をすればよいのかを最適化理論やゲーム理論を用いて計算することで，生物をより良く理解することができる．

なぜ，この生物はこんな生き方をしているのか．なぜ，繁殖集団の中で雌と雄の数が違ったり，途中で性が変わったりする生物がいるのか．「なぜ？」に答えるために，その現象をもたらす化学物質など，直接的な原因を突き止める方法もある．しかし本書では，「残せる子どもの数を最も多くする生き方が選ばれてきた」という適応の考え方をもとに，生物現象の「なぜ」を説明していく．

ある生物の一生を考えてみよう．個体がどのように成長して，どのタイミングで繁殖活動を開始すれば，最も多く子孫を残せるだろうか．ある時間で成長と繁殖の活動が完全に切り替わる生物もいれば，魚のように一生成長し続けながら繁殖を行う生物もいる．さらに興味深いのは，口などの食べるための器官がなく，一生を繁殖活動だけで終えてしまう生物もいることだ．生物の人生設計はどのような環境要因で決まっているのだろう．その環境要因を予測し，数理モデルに取り入れて，いま観察している現象を説明するのが，私の仕事である．数理モデルの解析によって得られた結果と実際の観察結果を照らし合わせるためには，生物が自然の中でどれくらいの寿命で生きているかを知り，時間のスケールを合わせることも必要である．観測結果と一致しなかった場合は，何か見落としている環境要因はないかを考えたり，モデル自体を作り替えたりするなど，いろいろ難しい点はある．しかし，モデルの解析結果から「ああ，この生物はこういう環境の影響を受けて，こういう生き方を選んできたのだな」という説明ができたときは，大変うれしい．一個体一個体がそういう生き方を頭で考えて選んできたわけではないのに，長い歴史の中で最もたくさんの子孫を残せる生き方をするタイプが生き残ってきたのだ，ということがわかったときはとても感動する．

私が海洋生物の生き方をモデル化しようと思ったきっかけは，共同研究者である奈良女子大学の遊佐陽一教授との出会いであった．

遊佐先生の研究室に初めて伺ったときに先生が見せてくださった海洋生物が，大学院以後の進路を決定した．その生物は，この本のメインの登場人物となるフジツボである．私は遊佐先生の研究グループと一緒に，フジツボの興味深い謎を，数理生物学という分野から解き明かそうとしている．

この本では，難しい数式は極力避けて，生物学と数理モデルの話をしていきたいと思う．私がいつの間にか大好きになっていた海洋生物について，興味深い現象を説明するとともに，生物の最適な生き方をどうやって導いていくのかを説明する．

2015 年 10 月

山口　幸

目　次

Box

1

海洋生物の多様な性

1.1　常識はずれの性の世界へ

生物の性の違いというと何を思い浮かべるだろう．雄と雌と答える方が多いと思う．ヒトやイヌやシカなどの哺乳類，スズメやタカなどの鳥類等，私たちにとって身近な動物の性は，雄と雌に分かれている．しかし動物でも，このように雄か雌か，一生いずれかの性に決まるというものばかりではない．たとえば『ファインディング・ニモ』の映画で有名になったカクレクマノミという熱帯魚がいる（図 1.1；厳密には，ニモはクラウンアネモネフィッシュといって，日本のクマノミとは別の種だが）．水族館でとても人気があって，イソギンチャクの中に棲んでいる．1つのイソギンチャクに数個体が一緒に棲み，1番大きな個体は必ず雌で，2番目に大きな個体は雄である．では，3番目以降の個体の性はというと，みんな未成熟で性別が決まっていない．つまり，繁殖できるのは1番目と2番目に大きい2匹だけである．

図 1.1　カクレクマノミ

雄から雌に性転換する魚で，1 番大きな個体（雌）がいなくなると，次に大きかった個体（雄）が雌に性を変える．沖縄県瀬底島にて撮影．

ここで，1 番大きい個体が死んでしまったとしよう．何が起きるだろうか．周りのイソギンチャクから他の大きな個体がやってくることもある．もし大きな個体がやってこなければ，いままで 2 番目に大きかった個体が 1 番になるので雌に変化する．そしていままで 3 番目に大きかった個体が 2 番目になり，雄に変わる．1 番になる 2 番目に大きかった個体は，雄だったものが雌に変わるのだが，性が変わるのでこの現象を「性転換」という．クマノミの仲間では，性転換は雄から雌の方向に起こるが，逆に，雌から雄に性が変わる魚もいる．実は魚類では，こちらの逆のタイプのほうが多い．最近の研究では，雌から雄，雄から雌というふうに，1 つの種でもおかれた状況によって双方向に性転換する魚もいることがわかってきた．

次に紹介したいのは，ウミウシという生物だ（図 1.2）．とてもカラフルでかわいらしい生き物で，海の宝石とよぶ人もいる．ウミウシは精巣と卵巣をもっていて，それらが両方とも機能している．このような生物を，同時的雌雄同体という．「同時的」というのは，ある時にその生物のおなかの中を見たら，精巣も卵巣もはたらい

図 1.2　チリメンウミウシ

同時的雌雄同体で，この写真では 2 個体が体の右側をくっつけ合って，交尾している．雄としても雌としても繁殖ができる．沖縄県瀬底島琉球大学熱帯生物圏研究センターにて撮影．関澤彩眞博士（当時大阪市立大学大学院理学研究科の大学院生）のウミウシ交尾実験中を撮影させていただいた．

ていて，精子も卵も作っている，ということを指す．実は雌雄同体には，いま述べた「同時的雌雄同体」の他に，もう 1 つある．それがカクレクマノミが行う「性転換」である．性転換する個体のことは，「隣接的」雌雄同体とよぶことがある．こちらの雌雄同体は，おなかの中を見る時間によって，精巣だけもっていたり卵巣だけもっていたりと，片方の繁殖器官のみが機能している．「隣接的雌雄同体」のことを，「経時的雌雄同体」とよぶ研究者もいる．個人的には，「経時的雌雄同体」のほうが性転換の意味合いをよく表していると思う．

ここまでに説明したように，海の生物には雄と雌だけでなく，クマノミで見られる性転換や，ウミウシのような同時的雌雄同体といった性が存在する．性システムは，異なる性をもつ個体が組み合わさって決まっている．たとえば，哺乳類や鳥類で見られる雄と雌の組み合わせなら，雌雄異体とよばれる．

海洋生物は，どうしてこのような多様な性や性システムをもつようになったのだろうか．一見複雑に見える性の多様性は，どのような性のあり方をもつ個体が有利であったかを考えることで，非常によく理解できることがわかってきた．つまり，それぞれの個体が生きている環境を考え，生き方を選ぶのだ．ではどうして野外で見られる生物が，有利な行動をとるのか？　それは生物の長い進化の結果として，有利なものが選び抜かれてきたからだ．

意外に思えるかもしれないが，どんな生き方をする生物が見られるはずかを知るために，数学が役に立つ．本書では，具体的な海洋生物の性のあり方を紹介しながら，どうしてそのような性のあり方が進化するのかを，数理モデルという手法を用いて説明してみよう．

1.2 性のミステリーを数学で解き明かす

成長と繁殖のトレードオフ

生物がどのような性を示すのが有利であるかを考えるには，その個体のふるまいや生き方を知る必要がある．生物にとって，おもな活動は成長と繁殖である．これらの活動を行うために必要な資源は，動物はえさを食べることで，植物は光合成によって有機物を作ることで獲得する．資源を成長活動に使うと体が大きくなり，いまよりもっとたくさんの資源を手に入れることができるが，体をどんどん大きくしても，個体はいずれ死を迎えるので，成長活動だけでは何も残せない．一方，自分の子どもを残すという繁殖活動は，自分の遺伝子を次世代に広げていくことであり，生物の生きる使命ともいえる．ならば，早くから繁殖したほうが長い時間子どもを残す活動に携われて，得ではないかと思うかもしれない．しかし，小さいうちから繁殖すると成長が止まり，作れる子どもの数が少なくなってしまうだろう．これは，個体が使える資源に限りがあるために起こる問題であり，成長と繁殖のそれぞれの活動にどれだけの割合の資源を投資したらよいのかを考える必要がある．つまり，成長と繁殖のうち，ある時刻で個体にとってどちらを改善するように進化するのかという問題である．このように，成長を有利にすると繁殖が必然的に不利になってしまい，逆に繁殖を有利にすると成長ができなくなるという関係を，トレードオフという．いま述べた「成長と繁殖のトレードオフ」は，フジツボ類の小さな雄が成長と繁殖をどう選ぶかを例に挙げて，第2章で詳しく説明する．

性配分問題

第2章で登場するフジツボの小さな雄にとって，繁殖活動は精子生産だけである．しかし，1.1節で説明したように，生物の性には雌や雄だけでなく，同時的雌雄同体や性転換というものもある．同時的雌雄同体の場合は，卵生産と精子生産の両方を同時に考えなければならない．また，途中で性を換える個体にとっては，どのタイミングで卵生産と精子生産を切り替えるかということが問題になる．つまり，生物個体がいつ，どのような環境でどんな性を選ぶのかは，卵および精子生産という繁殖機能への資源配分問題に帰着する．これを「性配分問題」といい，第3章で説明する．

ところで，いつ何に資源を配分するか（成長，精子生産，卵生産など）を考えるにあたって，自分にとって最も都合がよい配分を選び出すことが大切である．何をもって都合がよいと解釈するかを決めるのが，「適応の尺度」である．生涯に作れる子どもの数を最大にする配分をとる生き方が有利で，進化の歴史の中で，そのようなタイプが生き残ってきたのだろう．この考え方を自然淘汰といい，生涯の繁殖成功を適応の尺度としている．資源配分のように，個体が自らにとって望ましいように選ぶことができるふるまいや生き方を，その個体の「戦略」とよぶ．面白いことに，自分にとって最も都合のよい戦略は，相手の都合に構わず決められるわけではなく，相手の戦略の影響を受ける場合がある．もちろん，自分の戦略も相手の戦略に影響を与えている．そのような状況では，自分も相手もお互いの行動を見て，最終的に最もよい戦略を決めなければならない．このような状況を「ゲーム」という．

本書では，2つの重要なコンセプト，成長と繁殖のトレードオフ（第2章）と性配分問題（第3章）を中心に扱い，さらにそれらのコンセプトに，ゲームという状況が加わった現象を扱う．第4，5，6章では，以上の3つを組み合わせて，さまざまな生物現象を説明する．最後に，第7章では理論的展開だけでなく，フジツボの性に関する実証的な説明を加えることとする．

筆者がこれまで出会ってきた海の生き物たちを紹介しながら，彼らの多様な性や生き方を数理モデルで解き明かしていこう．

2

海洋生物の最適な生き方を探る

2.1 魅惑の生物に出会う

私は，「海洋生物の数理モデル屋です」と自己紹介することがある．しかし，海の生物に実際に触れたのは成人してからだった．海のない奈良県で育ったため，海といえば電車の窓から眺めるものくらいにしか思っていなかった．大学2年生の終わりに臨海実習に参加して初めて，「海洋生物は面白い！」と思った．

大学4年生で数理生物学への道を進むと決めたとき，テーマ選びのために遊佐陽一教授（奈良女子大学理学部）のもとを訪問した．遊佐先生は，研究室の水槽で実験飼育されていた生物を指し，「これなんか，どう？」といわれた．第一印象は「えっ？　何これ？？？」だった．その名はフジツボ．それも一般的に知られている富士山型のフジツボとは違う，風変わりな容貌のものだった．このフジツボこそが，私の数理モデルの相棒となる生物である．

フジツボは海辺で簡単に観察でき，岩場を見れば隙間なくびっしりとくっついていることがある．堅い殻をもつことからカキなどの貝の仲間と思えるかもしれないが，意外なことにフジツボはエビやカニの仲間，つまり甲殻類である．エビやカニにはたくさんの脚がついていて，岩場を動き回ったり水中を泳いだりできる．一方，同じ仲間とはいえ，フジツボは岩やカニなどの体の上に固着していて，全く動けない．潮間帯にいるフジツボは，満潮になって水につかると蔓脚（まんきゃく，つるあし）を広げ，水中の動物プランクトンや有機物の塊をこして食べる．しかし干潮になって水の外に出ると，きっちりと蓋をして乾燥しないようにしている．考えてみるとなかなか厳しい生活だ．

フジツボの殻から体の中身を取り出すと，脚や繁殖にかかわる器官，消化器官などを観察することができる．脚には節が多数あり，これを体節（たいせつ）とよぶ．カニやエビの脚にも節がある．だからフジツボはカニやエビと同じ仲間なのだ．体節をもつ生物には，甲殻類だけでなく昆虫やクモなどもあり，それらをまとめて節足動物という．

海岸で最もよく見られるフジツボは，富士山の形をしたものである．図 2.1 にあるのはクロフジツボで，潮間帯に棲んでいる．これらは無柄（むへい）フジツボとよぶ．一方，無柄に対して有柄（ゆうへい）フジツボというものがいる．遊佐先生の研究室で出会ったフジツボはこのタイプだった．図 2.2 を見てほしい．ソフトクリームのコーンのような持ち手がある．この部分を柄部（へいぶ）といい，有柄フジツボの特徴的な部分だ．柄部には筋肉と卵巣が詰まっている．海岸の岩肌にも有柄フジツボは棲んでいて，図 2.2a の写真はカメノテという．カメノテは塩ゆでにして食べると，エビやカニの風味がしてとてもおいしい．

フジツボを採集したり観察したりするには潮間帯が便利である

図 2.1　クロフジツボ

海岸の岩に張りついていて，普通に見かける富士山型フジツボである．大阪湾明神崎にて撮影．

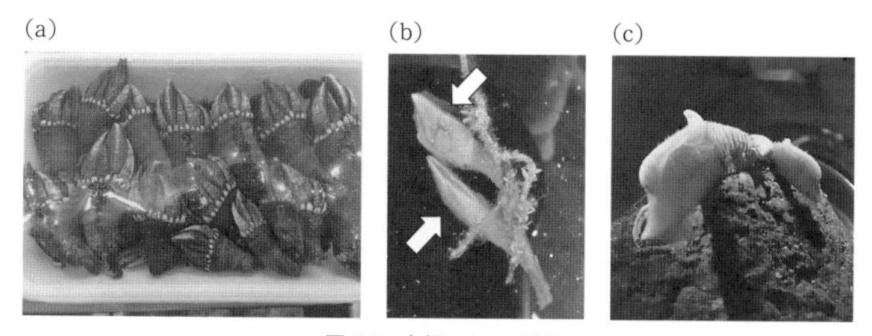

図 2.2　有柄フジツボ類

(a) カメノテ，(b) ヨーロッパミョウガガイ（矢印のところに 2 個体いる），(c) ミョウガガイ．(a) は同時的雌雄同体のみ，(b) は雌雄同体に矮雄がくっつく種，(c) は雌に矮雄がくっつく種である．(a) の写真は，大阪の魚市場でパックに入って販売されていたところを撮影したもの．

が，この生物は無柄，有柄を問わず，世界中の海にいて，潮間帯から深海まで広く分布している．しかも，岩肌につくだけではない．カニやウニの棘，さらにはクジラ，カメなどの体にくっついて，宿主の動物と一緒に旅して回る，実に面白い生物なのだ．このステキな生物フジツボについては，海洋生物研究家の倉谷うららさんが『フジツボ—魅惑の脚まねき』（倉谷，2009）で，その魅力を存分に語っているので，ぜひ読んでみてほしい．

2.2 フジツボの多様な性

フジツボの性の話をしよう．生物の性と聞いて，みなさんが真っ先に思い浮かべるのは雄と雌だろう．しかし無柄フジツボの場合，ほとんどすべての種は同時的雌雄同体だ．同時的雌雄同体というのは，ある時にその生物のおなかの中を見たら，卵を生産する器官（卵巣）と精子を作ったり渡したりする器官（精巣とペニス）の両方をもち，それらが両方とも機能している生物のことを指す．つまり，雄としても雌としても繁殖することができるのだ．本章では，同時的雌雄同体を単に雌雄同体とよぶことにする．

雌雄同体は，植物では一般的である．たとえば，サクラの花にはめしべとおしべとがあり，おしべは花粉をつけ，それを他の個体が作るめしべの柱頭にハチやチョウなどの助けを得て運んでもらう．雌雄同体ならば，自分ひとりだけで子どもを作ることができて便利と思われるかもしれない．植物については，自分の作った卵を自分の花粉で受粉して子を作ることを自殖という．これに対して，他の個体の花粉によって自分の卵を受精してできた子どもは，他殖である．他殖でできた子どものほうが，自殖の子どもに比べて成長が速く生存率も高い．そのため，植物は自殖の種子と他殖の種子の両方をもつと，他殖の種子へ優先的に栄養を供給し，自殖の種子の多くを中絶してしまう．中には遺伝的に工夫をして，自らが作った花粉は自らのめしべでは上手く授精できないようにし，自殖の種子を作らないという「自家不和合性」をもつものも多い．

一方で，フジツボは自らの卵を自らの精子を使って受精させることはできない（自家受精がほとんど知られていない）．子どもを残すには，交尾相手から精子をもらう必要がある．フジツボの交尾はどうなっているのかというと，フジツボは何かにくっついて動けないので，殻の中からペニスをにゅっと伸ばし，周りにいるフジツボの殻の中にそれを入れて，精子を渡す．何ともズボラな生き物のように思えてしまうが，驚くべきことにフジツボのペニスは自分の体の大きさの数倍も伸びる．

話をもとに戻して，カメノテの仲間である有柄フジツボの性について説明しよう．その性のパターンは，なんと3種類も知られている．1つ目は雌雄同体だけの種，2つ目は雌雄同体に小さな雄がくっついている種，最後に3つ目は，ペニスや精巣をもたない雌に小さな雄がくっついている種である．この小さな雄は，矮雄（わいゆう）とよばれている．図2.3を見てみよう．図2.3aで，ぱっと見てわかる大きな個体は，雌雄同体である．では矮雄はどこにいるのかというと，矢印のところだ．とても小さいことがおわかりいただけると思う．図2.3aを拡大したのが，図2.3bで，矮雄は大きな雌雄同体の体の中に，すっぽりと収まっている．

ところで，『種の起源』という有名な本を書いたダーウィンの名

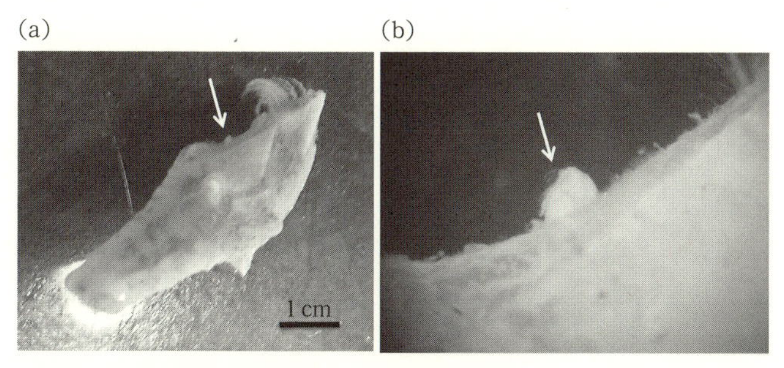

図2.3　同時的雌雄同体と矮雄という性の組み合わせをもつトゲハナミョウガ
(a) 大型個体と矮雄の全体像．矢印の先にいるのが矮雄で，とても小さいことがわかるだろう．(b) 矮雄の拡大写真．大阪市立自然史博物館所蔵標本を撮影．

前は聞いたことがあるのではないだろうか．ダーウィンはこの本の中で，生物が進化によってできてきたことをさまざまな例を挙げて確証するとともに，そのとき生物が適応するように進化するメカニズムとして，自然淘汰を提案した．この『種の起源』発表の8年前，ダーウィンはフジツボの矮雄を発見し，本として発表している．有柄フジツボの性の多様性は，ダーウィンが発見したのだ(Darwin, 1851)．それから150年以上経ったいまでも，こんなにも小さな雄がなぜ存在するのか，その理由は明かされていない．私はこのことを大学4年生のときに知って大いに興味が湧き，それ以来この謎をずっと追い続けてきた．

2.3 フジツボの生活史

矮雄をもつ有柄フジツボの一生（生活史）を見ていこう（図2.4）．大型個体（雌雄同体または雌）は，受精卵を体内でノープリウス幼生という段階まで育てる．その後，ノープリウス幼生を蔓脚でかき出して海中に放出する．ノープリウス幼生は脱皮を数回繰り返し，キプリスという幼生ステージになると定着する場所を探す．このとき，大きな雌雄同体や雌の体の上にくっつくと自ら矮雄になるが，定着したときに周りに大型個体がおらず，岩や他の生物の体の上にくっつくと，成長して大きくなり，雌雄同体または雌になるのではないかと考えられている．野外で幼生の性がいつ決定するのかについては，いまだはっきりした答えがわかっていない．

矮雄は，自分がくっついている大型個体が作る卵を受精させる．大型個体は，雌ならば矮雄の精子によって自分の卵を受精する．大型個体が雌雄同体ならば，矮雄と周りの大型個体からの精子を使って自分の卵を受精させるだけでなく，自分のペニスを使い，周りの大型個体の卵を受精させる．そして，大型個体の卵が孵化し，ノー

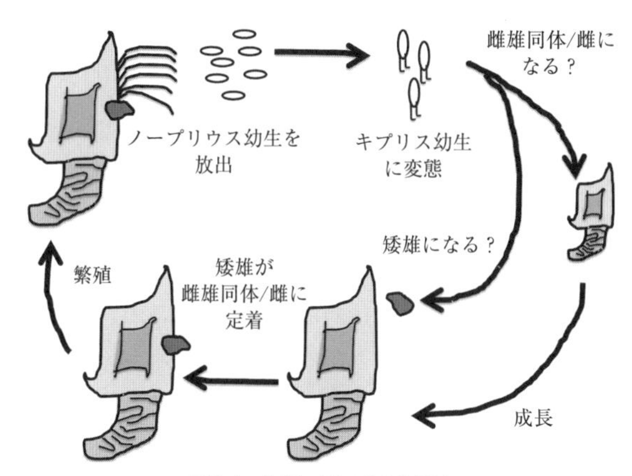

図 2.4　有柄フジツボの生活史
ノープリウス，キプリス幼生期を経て，定着する場所によって矮雄または大型個体（同時的雌雄同体または雌）になると考えられている．

プリウス幼生まで発生が進むと，また海中へ幼生を放出する．大型個体の寿命は数年あるのに対して，矮雄の寿命は短く，1 年未満ではないかともいわれている．短い寿命の間に成長と繁殖をして，子どもを残さないといけない矮雄は大変だ．他方で，大型個体の卵を受精させる上で有利な場所にくっついているという利益が，矮雄にはあるのだろう．

2.4 最適な生き方をモデル化する

さて，このとても小さな矮雄は，種によって生涯を通して成長するものとほとんど成長しないものがある．生物ならばえさを食べれば成長するのが当たり前と思われるかもしれない．しかし，たとえばミョウガガイという深海に棲む有柄フジツボ（図 2.2c）の矮雄はそもそも消化器官がなく，成長しない (Ozaki *et al.*, 2008).

矮雄の体サイズについては，2つのことが知られている．まず第1に，浅いところに棲むフジツボの矮雄は，深海に棲むフジツボの矮雄よりも体が大きい（Pilsbry, 1908）．第2に，大型個体が雌雄同体であるフジツボの矮雄は，大型個体が雌であるフジツボの矮雄よりも大きい（Yusa & Yamato, unpublished）．矮雄の体の大きさの違いは，えさが少ないために成長が悪くなり小さいというように，水深に対応したえさの量が直接的に関係しているだけではない．成長を早めにやめて繁殖に入ると矮雄のサイズは小さくなり，ある程度成長してから繁殖をはじめるとサイズは大きくなる．矮雄が棲息する水深に応じたえさの豊富さ（えさ環境）の違いだけではなく，大型個体がどんな性をもっているかにも依存する．これら2つの環境条件の違いによって，どのような矮雄の成長パターンが出現するかを理論的に明らかにしてみよう．

成長と繁殖の戦略

どんな生物でも，成長と繁殖を行うにはそれらの活動のもととなるエネルギーが必要である．動物の場合にはこれをえさから手に入れ，植物では光合成によって作る有機物から手に入れる．「成長」とは自らの体が大きくなること，「繁殖」は卵や精子を作り，さらには子どもを保護するといった次世代を作るための活動のことである．えさとして獲得したエネルギーや物質を，成長に使ったり繁殖に使ったりする．このことは，限られた量の「資源」を，複数の目的に使用する配分を生物が決定していると考えることができる．生物は成長と繁殖活動以外にも，トゲや殻をもったり，免疫によって病原体と戦ったりなど，生命を維持するためにも資源を使う．

生物は，資源を成長活動に使うと体が大きくなる．体が大きくなると，食べられるえさの量が増え，その生物はもっと多くのえさが手に入る．だからますます大きくなれる．しかしこうしてどんどん体が大きくなっても，長く待てばいつかは捕食者に食われたり病気になったりして死ぬことになる．成長だけをしていても，それだと何も残らない．他方で，次の世代の個体，つまり子どもを産んでおくと，子どもたちはそれぞれに成長し，さらに繁殖して広がっていくことができる．したがって成長だけではなく，精子や卵を作ること，つまり繁殖活動が，子孫が広がっていくという意味では必要なことなのだ．

他方で，資源が繁殖活動に使われると，その分だけ成長が遅くなる．というのも，資源は限られているからだ．では，それぞれの時間で，どれだけの割合の資源を成長に配分し，残り繁殖活動への配分をどの程度にしたらよいだろうか．これは資源配分の問題である(図 2.5)．

さまざまな成長や繁殖の仕方があるとして，果たしてそれがよいのかということを考えるとすれば，何をもってより望ましいかということ，つまり「適応の尺度」を決めないといけない．先に述べた

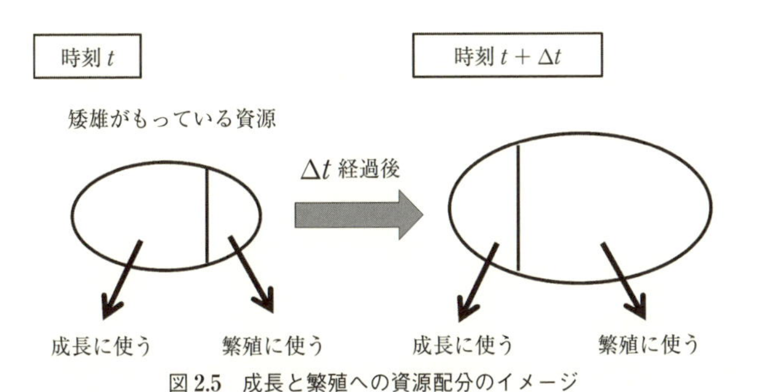

図 2.5　成長と繁殖への資源配分のイメージ
生物が成長することで，次の時刻で使うことができる資源の量は増える．また時間によって，成長と繁殖への資源の配分の仕方は変化する．

ように，成長ばかりしていても，大きくなったまま死んでしまえば仕方がない．だからといって小さいうちから繁殖をはじめれば，体はそれ以上大きくなれないので，作れる子どもの数も少ないだろう．最初は成長して，体が大きくなったら繁殖に入るとよいように思われる．このときに考えているよさの尺度は，「次世代に残せる子どもの数」である．この量を大きくするためには，よく成長して大きくなること，捕食者に食われずに生き延びること，たくさんの子どもを産むことなど，すべてが必要であることがわかる．実際，このような「生涯に作れる子どもの数」を大きくできるタイプの生物が進化してくることを示すことができる．

以上より，生涯繁殖成功度を最大にすることがよさの尺度と考えよう．一生に残せる子どもの数が最大となるような生き方をそれぞれの個体がしているといっても，生物自身が頭の中で計算をしているわけではない．長い歴史の中で，たくさんの子どもを残せる生き方をする個体が，そのような生き方をする子どもをたくさん残してきた結果，現在見られる生物が適応的行動をとるのだと考えることができる．

ここでの資源配分の仕方のように，個体が自らにとって望ましいように選ぶことができるというとき，それをその個体の「戦略」とよぶ．そして繁殖成功を最大にするような戦略を，最適戦略という．この本で考えるのは，それぞれの場面で生物の最適戦略は何か，その結果どういう生き方が進化すると予測されるかということである．いまからこれを求めることを考えよう．

矮雄という戦略

矮雄も，もちろん成長と繁殖（精子生産）を行う．口や消化管などの摂食器官をもたない矮雄は，えさを食べることができない上に成長もできないが，このような矮雄でも繁殖をするためには資源が必要である．そこで，矮雄は大型個体にくっつくときに，成長や繁殖に使える栄養をわずかながらもち合わせている．矮雄になる前のノープリウス幼生は，卵黄栄養をおなかにもっているが，この卵黄栄養を初期資源とよぶことにしよう．矮雄が初期資源をどのように使っていくかが，一生の繁殖成功の度合い，つまり矮雄がどれだけたくさんの子どもを残すことができるかを決める大事な鍵になる．

ここで，矮雄の戦略を2つ導入しよう．1つは，それぞれの時間で成長と繁殖に資源（初期資源と，えさを食べることによって得られる資源の合計）をどれだけ配分するかである．もう1つは先ほど述べた，矮雄が大型個体にくっつくときにもっている初期資源を，どのように使うかである．初期資源をさっさと早めに使い切ってしまうのがよいか，あるいは寿命まで大事に初期資源を使っていくのがよいかは，矮雄にとって重要な戦略である．

フジツボの1つの大型個体には，複数個体の矮雄がくっついていることが多い．矮雄が1つしかつかない種もあれば十数個体もっている種もあり，矮雄の数は種によって大きく異なる．同じ種でも個体ごとの違いがある．1つの矮雄に着目してみよう．この矮雄がもつ資源の量を考える．成長と繁殖に使うことができる資源の全体量は，初期資源の取り崩しと食べたえさの量の合計である．

（矮雄の資源の全体量）＝（初期資源の取り崩し）＋（食べたえさの量）

食べられるえさの量は矮雄の体サイズに依存する．体サイズが大きければ，たくさんのえさをとることができる．フジツボは蔓脚でえさとなるプランクトンをとらえるのだが，話を簡単にするために，矮雄が体の表面からえさのプランクトンをこしとって食べているイメージをもってみよう．比例定数は，海中のえさの豊富さを表し，えさ環境とよぶことにする．つまり，矮雄がたくさんのえさに囲まれた環境にいれば，たくさん食べることができるし，かつ体の表面積が大きければ，さらにたくさんえさをとることができる．表面積は体積の2/3乗であるから，矮雄が食べたえさの量は，

$$
\begin{aligned}
(\text{食べたえさの量}) &= (\text{えさ環境}) \times (\text{矮雄の体の表面積}) \\
&= (\text{えさ環境}) \times (\text{矮雄の体積})^{2/3}
\end{aligned}
$$

と書くことができる．ここからは矮雄の（体長ではなく）体積を体サイズとよぶことにしよう．

さて，矮雄の戦略の1つである，繁殖と成長への資源の配分の仕方を考えてみよう．繁殖に割合 x，成長に割合 $(1-x)$ の資源を使うとする．すると，繁殖および成長に使われる資源の量は x を用いて，

$$
(\text{繁殖に使う資源の量}) = x \times (\text{資源の全体量})
$$

$$
(\text{成長に使う資源の量}) = (1-x) \times (\text{資源の全体量})
$$

と表すことができる．成長に使う資源の量が多ければ，体サイズは大きくなるし，繁殖に資源をたくさん使うと，作れる子どもの数は多くなるだろう．しかし，矮雄が使える資源の全体量は無限大ではなく，そのときの体サイズや初期資源の取り崩しの量によって限られている．矮雄が一生の間で最も多くの子どもを残すことができる資源の使い方（繁殖と成長への配分，初期資源の取り崩し方）を考えなければならない．

繁殖に使う資源の割合 x と初期資源の取り崩し方の2つの戦略を最適にする，つまり繁殖成功を最大にするような生き方を選ぶには，矮雄の繁殖成功を決める必要がある．矮雄がくっついている大型個体の作る卵を，自分の精子でどれだけ受精させることができる

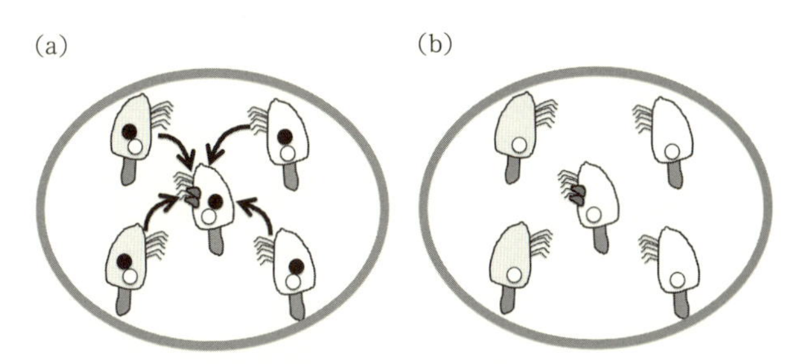

図 2.6　矮雄にはたらく精子間競争のイメージ

(a) 大型個体が同時的雌雄同体の場合．●は雌雄同体の精子を，○は卵を表す．周りの同時的雌雄同体が，いま着目している矮雄がくっついている雌雄同体へ精子を送ってくる様子を，矢印で描いている．(b) 大型個体が雌の場合．○は雌の卵を表す．雌の場合は精子を作らないので，矮雄にはたらく精子間競争は矮雄間だけのもので，それは (a) の状況より弱いものになる．

かで計算しよう．ここで大切なことは，矮雄は大型個体 1 個体につき，数個体くっついているので，矮雄同士の受精成功をめぐる競争（これを精子間競争とよぶ）があることだ．また，大型個体が（雌ではなく）雌雄同体の場合には，矮雄同士の競争だけでなく，雄として繁殖する雌雄同体と矮雄との精子間競争も存在する（図 2.6）．

矮雄の一生の繁殖成功は，

$$(\text{矮雄の繁殖成功}) = \Sigma\left[(\text{大型個体が作る卵の数}) \times \frac{(\text{矮雄の精子量})}{(\text{同じ大型個体につく矮雄の精子量合計})+(\text{周りの大型個体からの精子量})}\right]$$

と書くことができる．Σ は年齢について 0 歳から寿命まで加えることを表す．右辺の「矮雄の精子量」とは，繁殖に使う資源がすべて精子生産に使われたものとしている．矮雄の繁殖成功は年齢 0，すなわち大型個体にくっついたときから寿命まで，各年齢での受精した卵の数を足し合わせている．着目している矮雄の精子量および矮雄全個体（着目個体を含む）の精子量の中に，2つの戦略（繁殖に使う資源の割合 x と初期資源の取り崩し）が含まれていることに注意しよう．分数の分母にある「周りの大型個体からの精子量」とは，大型個体が雌雄同体の場合には正になる量である．周りの雌雄同体がたくさんの精子を作るならば，この量はより大きくなる．一方，大型個体が雌ならば，この量は0になる．矮雄の一生の繁殖成功を最大にするような戦略を，数学を使って計算する．

2.5 最適値を求めるには

ここで，高校数学が登場する．「$y = f(x)$ $(a \leqq x \leqq b)$ という関数の最大値とそのときの x を求めなさい」という問題が出たら，どうやって計算するだろうか（図 2.7）．「微分を使う」と答えるかもしれない．まずは $y = f(x)$ を x で微分して，導関数 dy/dx を求める．そして $dy/dx = 0$，すなわち $y = f(x)$ の傾きが0になる x を求めるだろう．このときの x を x^* と書くと，$y^* = f(x^*)$ は極値をとっていることになる．極小値か極大値かを知るには二階微分 d^2y/dx^2 を計算する必要があり，d^2y/dx^2 が正ならば，$y^* = f(x^*)$ は極小値であり，負ならば極大値である．

いま，$y^* = f(x^*)$ が極大値をとっているとしよう．x^* は最大値をとる x の候補の1つである．この他にも，最大値の候補がある．それは x の条件の境界値，すなわち $x = a$ と $x = b$ である．$f(a)$ と $f(b)$ の値も計算し，$f(a)$ と $f(b)$，$f(x^*)$ のうち，どれが1番大きい値をとるかを調べることで，y の最大値および，そのときの x の値を求めることができる．

矮雄の繁殖成功の最大値を計算し，そのときの戦略（繁殖に使う資源の割合 x と初期資源の使い方）を求めるのにも，微分を使う．

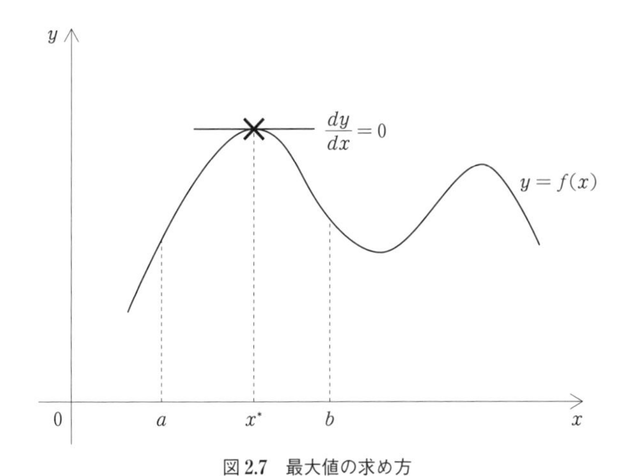

図 2.7　最大値の求め方

まずは $y=f(x)$ を x で微分してみることからはじめよう．

対応がつきやすいように数式を使って書くが，難しければ読み飛ばしてもらっても構わない．矮雄の繁殖成功を y と書くと，y は 2 つの戦略（繁殖に使う資源の割合 x と初期資源の取り崩しの仕方 c）の関数なので，

$$y = f(x,\, c)$$

と表すことができる．極大値を求めるために，微分をしよう．

$$\frac{\partial y}{\partial x} = \frac{\partial f(x,\, c)}{\partial x} = 0$$
$$\frac{\partial y}{\partial c} = \frac{\partial f(x,\, c)}{\partial c} = 0$$

以上の 2 つの式を満たす x^* と c^* が，最大値をとるときの戦略の候補になる．ここで，初めて見る記号に出会ったという方もいるかもしれない．∂ は偏微分記号といって，微分記号 d の仲間である．y

が2つ以上の戦略の関数になっていて，それぞれの戦略で微分するときには，d ではなくこの記号を使う．偏微分は大学の数学の講義で登場する．

あとは，x の境界値（0と1），c の境界値（0と c の最大値）および x^* と c^* を組み合わせて，$y = f(x, c)$ の値をすべて計算する．x と c の組み合わせは，全部で $3 \times 3 = 9$ 通りある．9通りの y の値を計算して，x と c どの組み合わせのときに最大になるかを，矮雄の年齢ごとに毎回計算する必要がある．

これを手でガリガリと計算するのは途方に暮れる作業になりそうだ．そこで私たち数理生物学者がよく使う手法は，プログラミングである．プログラムを作って，コンピュータに仕事をさせるのだ．プログラミング言語を学んでプログラムを書くのも，生物の最適戦略を理解するために必要かつ大切な仕事である．

2.6 モデルの結果を読み解く—最適な生き方をとる意味

コンピュータに計算させて得られた結果を見ていこう．矮雄にとっての2つの環境は，えさ環境（えさの豊富さ）と大型個体の性（雌雄同体または雌）である．大型個体の性の違いは，矮雄にはたらく卵の受精をめぐる競争（精子間競争）の強さに影響する．つまり，大型個体が雌雄同体ならば，大型個体は矮雄より体サイズが大きいので，たくさんの精子を作ることができる．そのため，矮雄にはたらく精子間競争は大変厳しいものとなる．一方，大型個体が雌ならば，矮雄同士の競争だけなので，精子間競争は穏やかになるだろう．

えさ環境の違いがもたらす矮雄の生活史戦略

まず，えさ環境が異なるときに，矮雄の2つの最適戦略および

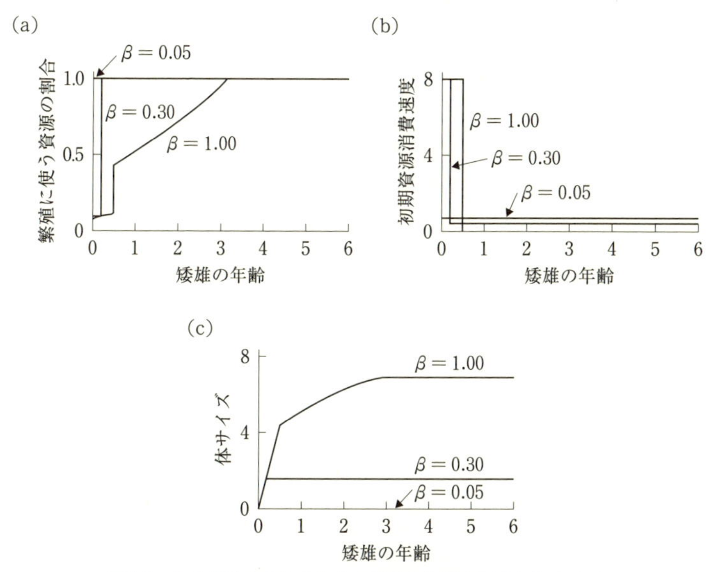

図 2.8　えさ環境を変えたときの矮雄の生活史戦略と体サイズ

β の数字が大きいほど，えさが豊富にあることを表す．(a) 繁殖への資源の配分割合 x，(b) 初期資源消費速度，(c) 体サイズ．(a)〜(c) の横軸は矮雄の年齢を表し，矮雄の寿命を 6 としている．Yamaguchi *et al*. (2007) より．

成長パターンはどうなるだろうか（図 2.8）．えさが豊富な環境 ($\beta = 1.00$) とえさが中間レベルの環境 ($\beta = 0.30$)，えさがかなり少ない環境 ($\beta = 0.05$) の 3 つの状況を比べてみたい．いまは大型個体の性は雌である ($\alpha = 0$) とする．グラフは，縦軸が繁殖に使う資源の割合 x の最も適応的な値を示している（図 2.8a）．縦軸の値が 0 のときは，矮雄は成長のみを行うのがよく，1 のときは繁殖のみを行うのがよい．そして 0 と 1 の中間の値をとるときは，成長と繁殖の両方に資源を使うのが最適，ということを示す．

えさが豊富な環境では，はじめから繁殖にも資源を一部を使う．

つまり繁殖と成長を同時に行うのがよい．矮雄の年齢が上がるにつれて，繁殖に使う資源の割合が増えていき，最終的に繁殖しかしないようになる．えさが中間レベルの環境では，はじめのうちは成長と繁殖を同時に行うが，途中で突然繁殖だけする時期に切り替わる．えさがかなり少ない環境では，はじめから終わりまで繁殖にのみ資源を使う．つまり，成長には資源は使わないので，全く成長しない．

なぜこのようなことが起こるのだろうか．えさが豊富な環境では，成長しながら繁殖することにメリットがある．成長することで，よりたくさんの資源を得て，よりたくさんの精子を作ることができる．また，はじめから繁殖することで，より多くの子どもを残すことにつながる．しかし，えさが少ない環境では，成長にコストをかけるよりも，少ない摂食量で得られる資源を繁殖に使ったほうが，より多くの卵を受精させることができるだろう．

もう1つの戦略である初期資源の取り崩しの仕方を見ていこう（図2.8b）．初期資源の取り崩し量の最大値を8としている．えさが豊富な環境では，若いうちに最大速度で初期資源を使う．早いうちに8から0へ，すとんとグラフが落ちていることがわかるだろう．初期資源の取り崩しが0になるというのは，初期資源を使い切ってしまったことを意味する．えさが中間レベルの環境では，はじめのうちは最大速度で初期資源を使い，途中から残りの初期資源を死ぬまで一定の速度で使うようになる．えさがかなり少ない環境では，矮雄ははじめから終わりまで，一定速度で初期資源を使うことがわかる．えさが豊富にある場合は，初期資源の価値はあまり高くなく，さっさと使い切ってもたくさんのえさをとることで資源を得ることができる．しかし，えさが少ない環境ではえさよりも初期資源の価値が高く，一生をかけて大事に使うようになると解釈できる．

最後に矮雄の成長パターンを見てみよう（図 2.8c）．えさが豊富な環境では矮雄は大きく成長するが，えさが中間くらいの環境ではあまり大きく成長しない．えさがかなり少ない環境では，矮雄は全く成長せず，もとの大きさのままである．実際に，えさの少ない環境と考えられる深海に棲むミョウガガイの矮雄は，体の大きさが一生を通じて変化せず，精子を作ることのみに専念していることが示唆されている．えさの豊富さという指標は，フジツボの棲息する水深に対応していると考えられる (Herring, 2001)．つまり，水深の浅いところは，えさとなるプランクトンが豊富であるし，深海だとプランクトンの量は減るだろう．よって，えさの豊富な浅いところにいるフジツボの矮雄は，えさの少ない深海のフジツボの矮雄よりも大きいことが計算結果からわかった．この結果は，野外調査で知られている矮雄の体の大きさの知見と一致する．

大型個体の性の違いがもたらす矮雄の生活史戦略

次に，大型個体の性が雌雄同体か雌かによって，矮雄の 2 つの戦略および成長パターンの適応戦略がどのように影響を受けるかを見ていこう（図 2.9）．今回はえさが豊富にあるとき ($\beta = 1.00$) の結果を示す．

繁殖に使う資源の割合 x を見てみよう（図 2.9a）．大型個体が雌の場合 ($\alpha = 0$) は，矮雄は雌にくっついたときから成長しながら同時に精子生産も行う．これによって，矮雄は一生の間に多くの卵を受精させることができる．一方で，大型個体が雌雄同体の場合 ($\alpha = 10,\ 100$) は，若いときは成長のみに専念し（すなわち繁殖に使う資源の割合 x が 0），途中から成長と繁殖を同時に行い ($0 < x < 1$)，最終的に繁殖だけ ($x = 1$) を行うようになる．周囲の雌雄同体の精子間競争が強くなるほど（雌雄同体がたくさんの精子

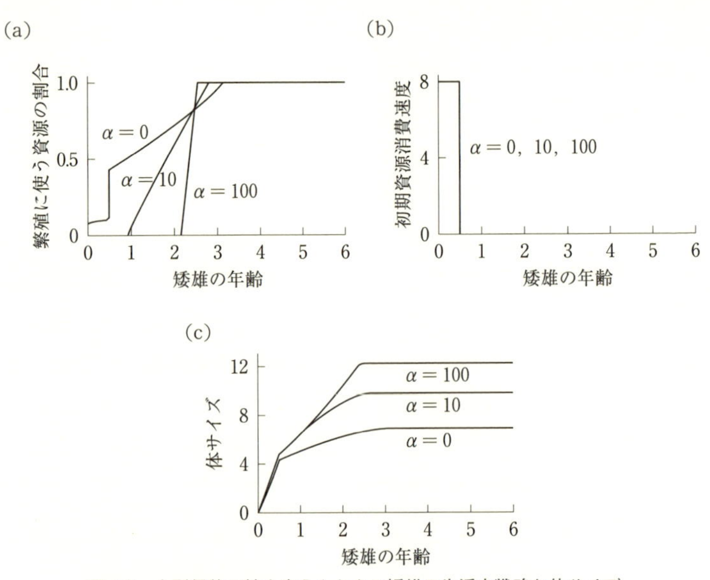

図 2.9　大型個体の性を変えたときの矮雄の生活史戦略と体サイズ

$\alpha = 0$ では大型個体の性は雌で，$\alpha = 10$, 100 では同時的雌雄同体である．α の数字が大きいほど，同時的雌雄同体が作る精子量が多いことを表す．(a) 繁殖への資源の配分割合 x，(b) 初期資源消費速度，(c) 体サイズ．(a)～(c) の横軸は矮雄の年齢を表し，矮雄の寿命を 6 としている．Yamaguchi *et al*. (2007) より．

を作るほど)，矮雄は成長に専念する期間を長くする．$x = 0$ である期間の長さを $\alpha = 10$ と $\alpha = 100$ のときで比べてみると，$\alpha = 100$ のときのほうが長いことがわかる．

初期資源の取り崩しの仕方については，今回はえさが豊富にある環境について計算したので，最大速度で若いうちにさっさと使い切る戦略をとる（図 2.9b)．

矮雄の体サイズは，雌雄同体にくっつく矮雄のほうが，雌にくっつく矮雄よりも大きくなることがわかる（図 2.9c)．さらに雌雄同体が作る精子量が多いほど，矮雄はより大きくなる．$\alpha = 100$ のときのほうが，$\alpha = 10$ のときよりも，矮雄は大きく成長している．大型個体が雌の場合は，卵に精子を供給するのは矮雄のみだから，精子間競争は弱く，矮雄はそこまで大きくならなくても十分な繁殖成功を得ることができると考えられる．しかし，大型個体が雌雄同体の場合は，矮雄にとって卵をめぐる受精競争が大変厳しいものになる．なぜなら，矮雄が作ることができる精子の量は，大きな雌雄同体に比べると非常に少ないからである．矮雄がより多くの卵を受精させるには，より多くの精子を作ることが必要になり，そのためには体サイズを少しでも大きくしなければならない．よって，若いうちは成長に専念する期間があると解釈できる．雌雄同体が精子をたくさん作るほど，矮雄は成長だけする期間を長くとり，より大きくなろうとする．雌雄同体にくっつく矮雄のほうが，雌にくっつく矮雄よりも大きくなるという計算結果は，野外調査で得られた結果とよく一致している．

理論的に明らかにした，いままでの結果を表にまとめておこう（表 2.1）．フジツボの小さい雄にも種に応じて体サイズの違いが見られ，それはその種が棲息する水深や大型個体の性に依存する．数

表 2.1　えさ環境と大型個体の性に依存した，矮雄の生活史戦略の違い

	えさ環境が良い	えさ環境が悪い
雌と共存	・成長と繁殖を同時に行う	・成長しない
雌雄同体と共存	・雌と共存する矮雄よりも大きくなる ・成長から繁殖に一気に切り替える	・繁殖にのみ資源を投資

理モデルによる理論的研究という立場から，これら 2 つの環境要因が矮雄の体サイズにどのように影響するのかを説明することができた．

フジツボの矮雄は，いまから 150 年以上前に発見されたが，なぜそれほどまでに雄が小さいのかについては，いまだ明らかにされていない．実はフジツボに限らず，チョウチンアンコウの仲間の魚や寄生性の二枚貝など，さまざまな海の生物でも矮雄は見られる．近い将来，海洋生物の矮雄現象の謎を数理モデルで解明し，矮雄学を築き上げたいと私は密かな野望を抱いている．

次章からも数理生物学という生物現象への理論的アプローチを用いて，海洋生物の不思議をさらに解き明かしていこう．

生物における性の配分問題を扱う

3.1 なぜ雄と雌の数は1対1なのか

私たちヒトを含め，多くの動物において個体は雄か雌かに分かれている．つまり，性システムは雌雄異体である．このときの雄と雌の数を見てみると，その割合はほぼ1対1であることが多い．これはどうしてだろうか．その理由を明らかにするために，雌雄異体の魚の例を考えてみよう．母親が産卵するとき，子どもの性比（息子となる子どもの数の割合）を自由に選べるとしたら，どのように産み分けることが母親にとっての繁殖成功を最も大きくし，その性比が集団中に広まっていくだろうか．

母親が N 個の卵を作るとしよう．この N 個のうち，x の割合を息子，残り $(1-x)$ の割合を娘として産卵することにする．このとき，1匹の息子を通して得られる繁殖成功を R_m，1匹の娘を通して得られる繁殖成功を R_f とおくことにしよう．ここで，R_m と R_f は1匹の息子と1匹の娘を通して得られる孫の数である．母親は息子

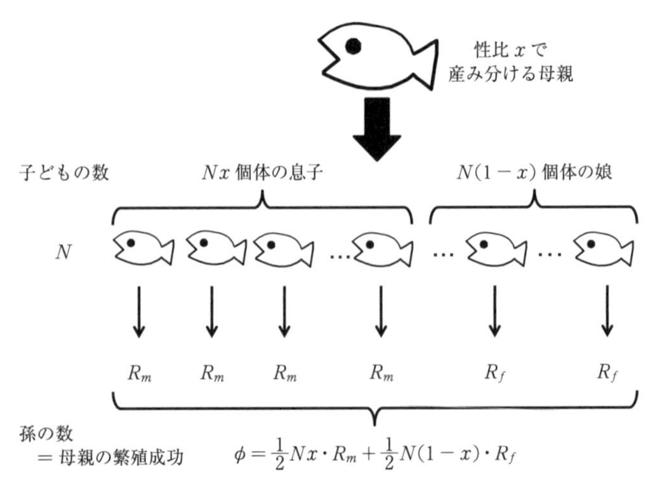

図 3.1　性比 x で子どもを産み分ける戦略をもつ母親が得られる繁殖成功 ϕ

母親はどの個体も N 個の卵を産むので（母親の産み分け戦略によって息子と娘の比率は変わるが），子どもの数を母親の繁殖成功の尺度として使うことはできない．その代わり，孫の数を尺度として考える．

と娘の比率によらず，どの個体も子どもを全部で N 個体産むとしているので，子どもの数を母親の繁殖成功の尺度として比較することはできない．適応の尺度として，孫の数を考える必要がある（図3.1）．性比 x で子どもを産み分ける戦略をもつ母親が得られる繁殖成功 ϕ は，

(性比 x で産卵する母親の繁殖成功 ϕ)

＝(Nx 匹の息子を通して得られる孫の数)

＋($N(1-x)$ 匹の娘を通して得られる孫の数)

である．これを数学的に書くと，

$$\phi = \frac{1}{2}Nx \cdot R_m + \frac{1}{2}N(1-x) \cdot R_f$$

となる．ここで，式の右辺に1/2がついているのは，それぞれの子どもは父親からの遺伝子の半分と母親からの遺伝子の半分を受け継ぐので，母親の遺伝的寄与が子どもの遺伝子全体の半分になるからだ．

母親の繁殖成功 ϕ を最大にするような，母親の産み分けの最適な戦略 x^* を求めてみよう．母親の繁殖成功 ϕ は，戦略である性比 x^* だけでなく，それぞれの性をもった子どもを通じて得られる孫の数，R_m と R_f に依存している．息子を通して得られる孫の数 R_m と娘を通して得られる孫の数 R_f を比較して，孫の数がより大きいほうの子どもの性を選んで母親は産卵するはずである．ただし R_m と R_f が等しければ，母親は息子と娘の両方を産むが，その性比は0～1の間の値をとるだろう（$R_m = R_f$ の条件だけでは，母親の最適な戦略 x^* はまだわからない）．その結果，次の式が成立する．

$R_m > R_f$ ならば，母親は息子ばかり産む．　$x^* = 1$

$R_m < R_f$ ならば，母親は娘ばかり産む．　$x^* = 0$

$R_m = R_f$ ならば，母親は割合 x^* で息子を，残りの割合 $(1 - x^*)$ で娘を産む．　$0 < x^* < 1$

が成り立つ．

ここで，集団中のすべての母親が，最適な性比 x^* を採用しているとしよう．子どもは誰もがひとりの父親とひとりの母親から誕生することから，この集団における子世代での雄全体の繁殖成功と，雌全体の繁殖成功は等しくなるはずである．

$$(\text{母親の数})\cdot Nx^*\cdot R_m=(\text{母親の数})\cdot N(1-x^*)\cdot R_f$$

この関係を使って，性比 x をもつ母親が得られる繁殖成功 ϕ の式を書き換えよう．

$$\phi=\frac{1}{2}NR_f\left(\frac{1-x^*}{x^*}x+(1-x)\right)$$

いま着目している母親の繁殖成功 ϕ は，他のどの母親も性比 x^* の戦略をとる集団の中で x^* とは異なる $x(x\neq x^*)$ をもつ場合に得られる孫の数を表しており，これを $\phi(x,\ x^*)$ と書くことにする．進化の最終状態において，集団中のすべての母親が性比 x^* を採用しているとすると，それは異なる性比 x をもつ母親が現れたときに，性比 x の母親の孫の数は x^* のものより少ないはずだということで

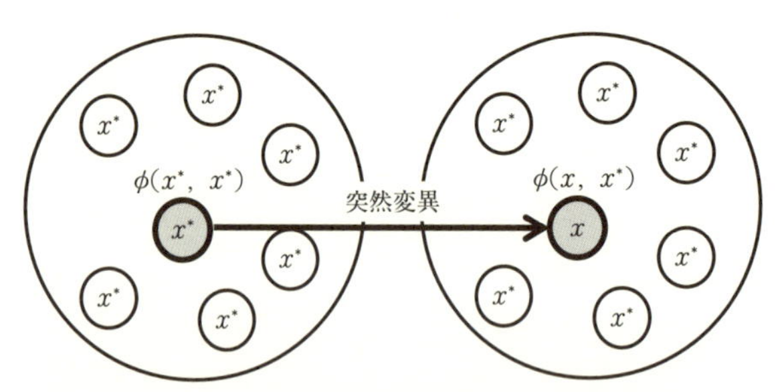

これまで戦略 x^* をとっていた個体が戦略を x に変えたとき，
$\phi(x^*,\ x^*)<\phi(x,\ x^*)$ ならば，集団の中で x が増えてしまう．
$\phi(x^*,\ x^*)>\phi(x,\ x^*)$ ならば，x^* は進化的に安定な戦略．

図 3.2　集団中すべての母親が採用する性比 x^* が進化的安定な性比になるための条件
x^* を採用している集団に，それとは異なる性比 x をもつ母親が突然変異で現れたときを考えよう．もし x をもつ母親が多くの孫をもてるならば，それは次第に集団に広がって x^* を押しのけてしまい，やがて性比は x をもつようになるだろう．もし x^* の性比が進化の最終状態ならば，そのようなことは起きず，ずっと性比 x^* が維持されるはずだ．

ある．というのも，もし変わり者のxをもつタイプが多くの孫をもてるならば，それは次第に集団に広がりx^*を押しのけてしまう．そうすると遠からず母親の全員がxをもつようになるだろう．もしx^*の性比が進化の最終状態ならば，そんなことは起きないはずである．このように突然変異タイプの子孫が集団に広まっていかないという条件，これを満たすものを「進化的に安定的な性比x^*」という．これは次の式で表される（図3.2）．

$$\phi(x^*,\ x^*) > \phi(x,\ x^*) \quad (x \neq x^*)$$

すなわち，集団中の母親すべてが性比x^*の戦略をとっていれば，どの母親も最大の繁殖成功$\phi(x^*,\ x^*)$を得ており，他の戦略によってとって代わられない戦略がx^*なのである．この「進化的に安定な戦略x^*」は次を解けば求めることができる．

$$\left.\frac{\partial\phi(x,\ x^*)}{\partial x}\right|_{x=x^*} = 0$$

この式が意味するのは，集団中のそれぞれの母親が性比x^*の戦略をとっているときの繁殖成功$\phi(x^*,\ x^*)$と，x^*とは異なる性比xをとっている母親の繁殖成功$\phi(x,\ x^*)$が一致し，ともに最大の値をとる場合の性比が$x = x^*$である，ということだ．イメージとしては，図3.3を参照してほしい（実は本文中で扱っている性比の問題における母親の繁殖成功$\phi(x,\ x^*)$の場合，図3.3のようにはならず，もう一段階踏み込んだ議論が必要である．ここではややこしさを避けるため，あえて説明はしないことにする）．この進化的に安定な性比を計算すると，$x^* = 1/2$になる．つまり，母親は息子と娘の数を等しく産むことで，集団中の雄と雌の数が1対1になる．

これまでの議論を直感的に説明してみよう．他の母親が雄をより多く産むとき（雌より雄が多い集団）では，自分は雌を多めに産

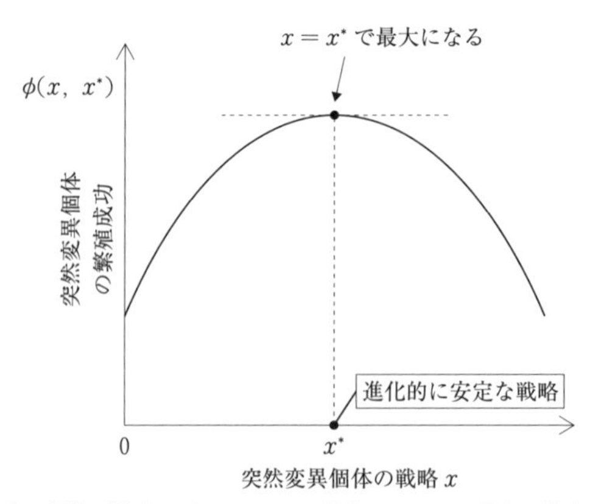

図 3.3 集団中の個体が戦略 x^* をとっている場合における，異なる戦略 x をとる突然変異個体の繁殖成功 $\phi(x,\ x^*)$

一般的には，進化的に安定な戦略 x^* を求めるとき，関数 $\phi(x,\ x^*)$ を最大にする x を探す．それを満たすのが，$x=x^*$ である．

むことが有利になる．よって，その集団は雌が増える方向に進化する．逆に，他の母親が雌をより多く産むとき（雄より雌が多い集団）では，自分は雄を多めに産むことが有利になるため，集団は雄が増える方向に進化する．その結果，性比が 1 対 1 で進化的に安定になるのである．雌雄異体における雄と雌の数をめぐる性比の問題は，母親が息子と娘をどれだけ作るかという繁殖資源の配分問題なのである（進化的に安定な戦略の直感的な解釈は，『利己的な遺伝子』（ドーキンス，2006）が詳しい．進化的に安定な性比の出し方を詳しく学びたい方には，『生き物の進化ゲーム』（酒井・高田・近，1999）や『進化とゲーム理論』（メイナードスミス，1985）がおすすめである）．

3.2 同時的雌雄同体における資源投資の悩み

同時的雌雄同体の場合も，雌雄異体のときと同様に性比の問題がある．雌雄同体は1つの個体が母親としても父親としても機能できるので，雌雄同体の性比とは，繁殖資源を雌機能と雄機能にどのように配分するか，ということになる．先ほど説明した雌雄異体の性比の理屈からいえば，同時的雌雄同体は自分がもっている繁殖資源を精子生産と卵生産に半分ずつ投資するのがベストということになりそうだが，そう単純にはいかない．雌雄異体の性比モデルでは，雄が雌とランダムに配偶し（雌と出会える確率は集団中の雌と雄の数によって変わるが），雄は交尾した雌に必ず自分の子どもを N 個体産んでもらえる．しかし，これから考える同時的雌雄同体の性比モデルでは，配偶の機会が限られており（たとえば配偶相手となかなか出会えないなど），雄として卵の受精をめぐって競争することが組み込まれているからだ．限られた繁殖機会および配偶相手をめぐり，（特に血縁関係がある兄弟間で）競争することを「局所的配偶競争」という．局所的配偶競争のため，交尾が何回できるか，つまり卵の受精をめぐって，精子を与える雄役となるライバルがどれくらい存在するかによって，自分がとるべき戦略（雄機能への資源配分）が変わってくるのである．

雌雄同体の性比がどうなるのかを，フジツボを用いて説明したのがアメリカの研究者であるチャーノフ（Eric L. Charnov）だ（Charnov, 1982, 1987）．チャーノフは私の共同研究者であり，私が海洋生物の数理モデルをはじめるにあたって憧れていた研究者なので，尊敬の念を込めて，これから説明するモデルを「チャーノフモデル」とよぶことにしよう．チャーノフモデルには，いくつかの仮定がある（図 3.4）．

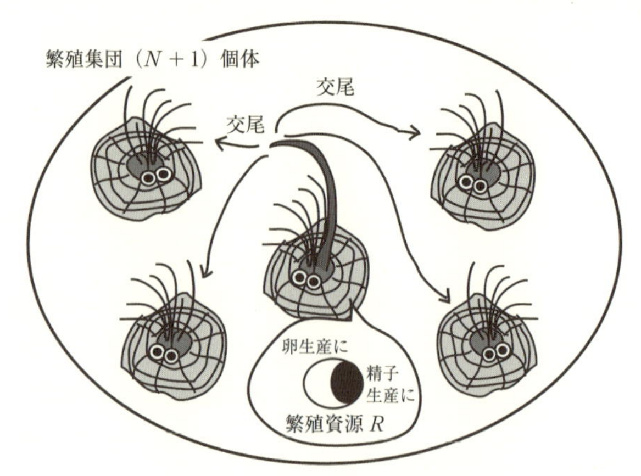

図 3.4　チャーノフモデルの概念図

フジツボを例にする．繁殖集団には自分と他の N 個体がいる．自家受精はしないので，自分以外の他個体とペニスを使って交尾する．繁殖集団にいる個体はみんな同じ大きさで，同じ量の繁殖資源をもつ．この繁殖資源を卵生産と精子生産に使うことができる．どれだけの繁殖資源を精子生産に投資するか，その進化的に安定な割合を求めたい．

(1) 繁殖集団にいるすべての個体は，同じ大きさである．

(2) それぞれの個体は，精子生産と卵生産に配分できる資源をもち，この資源の量はすべての個体で同じである．

(3) 自家受精（自分の精子で自分の卵を受精すること）はなく，自分以外のすべての他個体と交尾する．

(4) それぞれの個体が作る卵は，交尾で受け取った精子ですべて受精される．つまり未受精卵が生じない．

(5) 他個体との交尾後，産卵を1回だけ行い，死亡する．

仮定 (1) と (2) は 3.1 節の雌雄異体の性比モデルでも暗に使っている仮定である．フジツボの繁殖集団があって，その中に自分と

N 匹の他個体がいるとしよう．すなわち繁殖集団全体で $(N+1)$ 個体のフジツボがいる．フジツボ 1 個体がもっている繁殖資源を R とする．ここで，フジツボの戦略「雄機能への資源配分割合」を x とすると，割合 $(1-x)$ は雌機能への資源配分となる．この雌雄同体生物フジツボの進化的に安定な戦略「雄機能と雌機能への資源配分」をこれから求めたい．

そのためのステップとして，戦略 x^* をとっているフジツボが繁殖集団を占めているとしよう．この戦略 x^* を採用するフジツボは，x^*R の資源を精子生産に，$(1-x^*)R$ の資源を卵生産に使う．ところで，繁殖集団にいままで採用していた x^* とは異なる戦略 x をとるフジツボが現れたとする．このフジツボは，繁殖集団中にいるフジツボにとって，自分たちの戦略にとって代わられるかもしれない突然変異個体である．戦略 x をとる突然変異フジツボが，この戦略 x^* を採用している繁殖集団で得る繁殖成功 $\phi(x,\ x^*)$ を計算してみよう．

(突然変異フジツボの繁殖成功 $\phi(x,\ x^*)$)

$=$ (この個体自身が作る卵の数) $+$ (この個体が授精する卵の数)

この第 2 項は，他の個体が産んだ卵を，突然変異個体自身が雄として授精したもののことである．「突然変異個体が作る卵の数」は，この個体が雌機能へ投資した資源の量に対応するから $R(1-x)$ である．「突然変異個体が授精する卵の数」は，戦略 x^* を採用するフジツボ N 個体が作る卵の数 $NR(1-x^*)$ について，突然変異個体がそのうちどれだけを授精することができるかで決まる．このモデルでは仮定 (3) のとおり「自家受精はない」としているので，あるフジツボ 1 個体が作る卵の受精に着目すると，突然変異個体の精子量 Rx と $(N-1)$ 個体のフジツボの精子量 $(N-1)Rx^*$ が競争をすることになる．以上のことから，突然変異フジツボの繁殖成功 $\phi(x,\ x^*)$ を数学的に書くと，次のようになる．

$$\phi(x,\ x^*) = R(1-x) + NR(1-x^*)\frac{Rx}{Rx+(N-1)Rx^*}$$

さて，今回求めたい進化的に安定な戦略とは，戦略 x^* を占めている集団に他の戦略 x をとる突然変異個体が現れたとき，どんな x でも集団中の戦略 x^* にとって代われない戦略である．進化的に安定な戦略 x^* が満たす条件は，3.1 節の雌雄異体の性比モデルで説明したとおり，

$$\phi(x^*,\ x^*) > \phi(x,\ x^*) \quad (x \neq x^*)$$

であり，$\partial\phi(x,\ x^*)/\partial x = 0$ を計算した後，$x = x^*$ とおくことで，進化的に安定な戦略 x^* を求めることができる．その結果は，

$$x^* = \frac{N-1}{2N-1}$$

である．

雌雄同体生物における進化的に安定な性比 x^* は，自分の周りにいる個体の数 N によって変わる（図 3.5）．繁殖集団にいる個体数（全体では $N+1$）が増えるほど，雄機能への資源配分が大きくなり，0.5 に近づいていく．つまり，雄としての配偶をめぐる競争が強くなればなるほど，精子をたくさん作るようになり，雄と雌への繁殖資源配分は等しくなる．すなわち，同時的雌雄同体でも集団中の個体数が多ければ，1 対 1 の性比（同じ個体内での雌雄機能への資源配分）が実現する．一方，繁殖集団にいる個体数が 2 個体で，ペアで繁殖する場合（すなわち $N=1$）は，x^* は 0 になってしまう．これは生物学的には，お互いの卵を受精させるのに必要な最低限の量の精子しか作らないように進化するだろう，ということを意

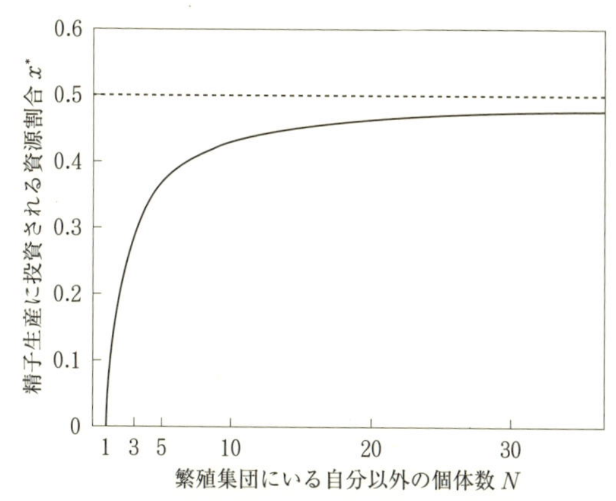

図 3.5　チャーノフモデルにおける進化的に安定な資源配分

横軸は，繁殖集団にいる自分以外の個体の数，すなわち交尾相手の数を，縦軸は精子生産に投資する資源配分割合を表す．交尾相手の数が多くなると，精子生産への資源配分割合は 0.5 に近づく．

味している．

同時的雌雄同体における性比の問題は，1 個体が雄・雌の性機能へどれだけ繁殖資源を配分するかという問題である．

3.3 精子を食べられると精子が増える？

巻貝やヒラムシといった，交尾をして体内受精をする同時的雌雄同体の中には，面白い現象を示す生物もいる．それは，他個体から受け取った精子の一部を消化吸収してしまうというものだ．この精子消化という現象は，陸貝であるカタツムリでも知られている．カタツムリも実は同時的雌雄同体である．精子消化をする同時的雌雄同体は，1 対 1 で交尾をして体内受精をする無脊椎動物で多く知られているが，なぜ精子消化をするのかはまだ明らかにされていない．

では，精子の消化吸収が雌雄同体の性機能への資源配分にどのような影響を与えているのだろうか．消化された精子が何に使われるのか，はっきりしたことはわかっていない．交尾相手の精子を消化し，それを自分の資源に作り替えた後，自分の精子を増やすのに使われるのか，あるいは卵を作るのに使われるのかは，解明されていないのだ．そこで，数理モデルの出番である．野外調査や室内実験でまだ明らかにされていないことを，理論立てて予測するというのも，数理生物学の仕事の1つである．

精子消化によって，雌雄同体の資源配分がどのように変わるか．この問題はチャーノフモデルを応用することで解くことができる．チャーノフモデルの仮定（1）～（4）をそのまま用いるが，仮定(5)は少しだけ変更する．

(5')　他個体との交尾が済んだ後，受け取った精子の一部を消化吸収し，自分の資源として再利用する．再利用の効率（転換効率）を T とする．その後，産卵を1回だけ行い，死亡する．

同時的雌雄同体が交尾相手から受け取った精子を消化し再利用することで，繁殖に使える資源が増える．いま，雌雄同体がはじめからもっていた繁殖資源を初期資源 R_1，精子消化・再利用によって得られる繁殖資源を2次資源 R_2 とよぶことにしよう．この2次資源 R_2 は，

$$(2\text{次資源 } R_2) = (\text{転換効率 } T) \times (\text{交尾相手から受け取った全精子量})$$

と計算できる．雌雄同体は初期資源と2次資源をあわせた資源量 $R_1 + R_2$ を，繁殖活動に使うことができる．

ところで，交尾相手から受け取った精子を消化吸収して自分の

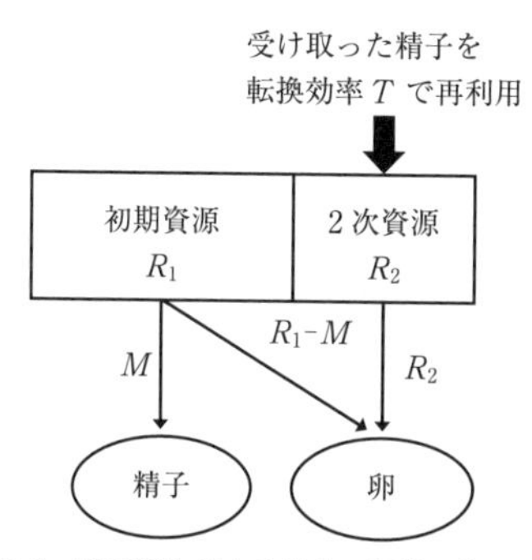

図 3.6　精子消化がある場合の個体の資源配分

交尾相手から受け取った精子を消化し，自分の繁殖資源として再利用するときの使い道を，卵生産のみにしている．すなわち，再利用資源である 2 次資源は卵に変わる．はじめから個体がもっている初期資源は，卵と精子を作るために使われる．M は精子生産に投資される資源の量を表している．

資源として再利用するとき，何に作り替えているのだろうか．今回は，受け取った精子を自分の卵として作り替えている場合を考えてみよう（図 3.6）．精子消化して，再利用される資源，すなわち 2 次資源はすべて卵に早変わりする．

今回は精子消化の影響を考えているので，受け取った精子を自分の資源に作り替えるときの効率（転換効率）が重要である．この転換効率と交尾相手の数（繁殖集団にいる自分以外の個体数）が，個体の資源配分にどのような影響を及ぼすかをこれから調べたい．進化的に安定な資源配分を求めるにあたって，3.1 節や 3.2 節で見てきたとおり，突然変異個体の繁殖成功を考える．進化的に安定な戦略は，ある戦略が集団の大多数を占めているときに，この戦略を捨ててそれとは異なる他の戦略をとるようになった個体（突然変異個体）の戦略が，集団中で広まっていけるどうかで決まるからだ．

(突然変異個体の繁殖成功)

= (この個体自身が作る卵の数) + (この個体が授精する卵の数)

「突然変異個体が作る卵の数」は，突然変異個体の初期資源と 2 次資源をあわせた全繁殖資源から，精子生産に使う資源を除いたものである．なぜなら，2 次資源は卵生産のためだけに使われるからだ．また，「突然変異個体が授精する卵の数」は，N 個体の交尾相手が作る卵の数，すなわち交尾相手の初期資源と 2 次資源の量から精子生産に使う資源を差し引いたものに，突然変異個体の精子でどれくらい受精できるかの割合をかけることで計算できる．数学的に突然変異個体の繁殖成功を書こうとすると式が複雑になるのでここでは省略するが，進化的に安定な戦略の計算方法は，3.1 節や 3.2 節で行ったとおりの手続きを踏むと，

(全資源量 $R_1 + R_2$ に対する

精子生産への進化的に安定な資源配分割合 x^*)

$$= \frac{N-1}{2N-T-1}$$

が得られる．

計算して得られた精子生産への進化的に安定な資源配分割合をグラフにしてみよう．精子消化がある場合と精子消化がない場合（チャーノフモデル）を比較するのが最終的な目的である．まず，繁殖集団にいる自分以外の個体数 N，すなわち交尾回数 N の効果について見てみよう（図 3.7）．転換効率 T は 0.5 として計算している．どちらのモデルも，交尾回数 N が多くなるほど精子生産への資源配分割合は高くなり，その値は 0.5 に近づいている．ところが精子消化がある場合は，精子生産への資源配分割合がチャーノフモデルよりも常に高くなっている．つまり，精子消化があることによっ

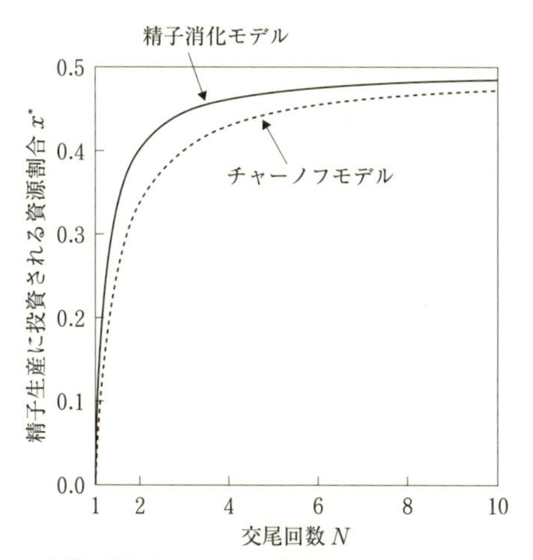

図 3.7　交尾回数を変えたときの精子生産に配分される資源割合

転換効率 T は 0.5 としている．精子消化モデルの結果は，精子消化を考慮していないチャーノフモデルの結果よりも，常に精子生産への資源配分割合が高い．どちらのモデルの場合も，交尾回数が大きくなると 0.5 に近づいていく．Yamaguchi *et al*. (2012) より改変.

て，その生物はよりたくさんの精子を作るように進化するのだ.

次に，転換効率 T の影響を見てみよう（図 3.8）．交尾回数 N は 3 回としている．精子を消化吸収して自分の資源として利用できる効率がよくなると，雌雄同体は精子生産への資源配分割合を大きくしていく．転換効率が 1 に近づくと，精子生産と卵生産への資源配分割合は 1：1 に近づいていく．つまり，資源を精子・卵生産に対して等しく配分するのだ．ただし，チャーノフモデルは精子消化の効果が入っていないので，転換効率の影響は受けずに，常に一定の値をとっている.

以上の結果をまとめよう．交尾相手から受け取った精子を自分の資源として再利用するような同時的雌雄同体生物では，精子を消化

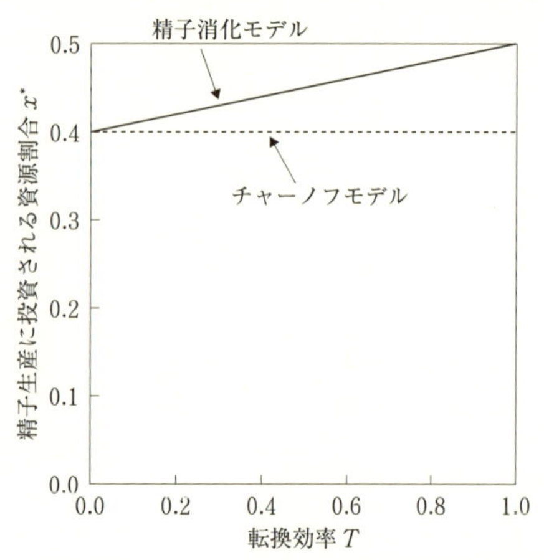

図 3.8　転換効率を変えたときの精子生産に配分される資源割合
交尾回数 N を 3 としている．精子消化モデルの結果は，精子消化を考慮していないチャーノフモデルの結果よりも，常に精子生産への資源配分割合が高くなっている．チャーノフモデルは精子消化の効果が入っていないので転換効率には依存せず，一定の値をとることに注意．Yamaguchi *et al*. (2012) より改変．

吸収しない場合に比べてより多くの資源を精子生産に投資すると予測できる．交尾相手にたくさんの精子を与えると，交尾相手が自分の精子を卵生産のために再利用する．すなわち交尾相手の卵が増加することになる．さらには，交尾相手は自分が渡した精子をすべて再利用に回すわけではなく，一部残った自分の精子で，その相手の卵を受精してくれる．その結果，自分の繁殖成功が増えるのである（図 3.9）．今回の精子消化のモデルでは，受け取った精子の再利用方法は卵生産のみを考えたが，卵生産と精子生産の両方に使う場合でも，雌雄同体の精子生産への資源配分割合は，チャーノフモデルよりも大きくなるという計算結果を得ている（Yamaguchi *et al*., 2012）．

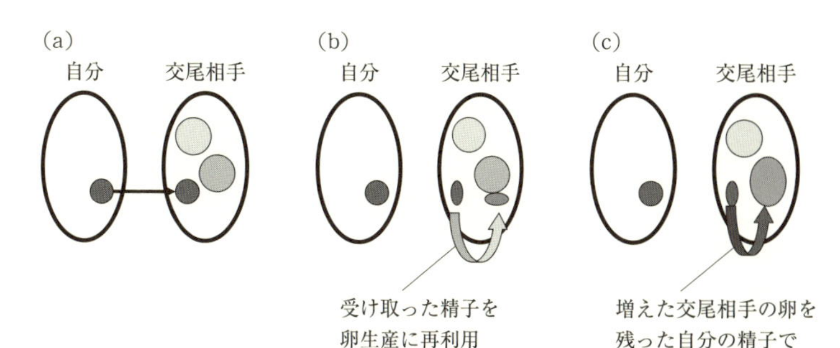

図 3.9　精子消化吸収があると，なぜ精子生産へ資源をより投資するようになるのか
(a) 交尾相手に精子をたくさん与えることで，(b) 交尾相手が自分の精子を卵生産のために再利用してくれる．すると，交尾相手の卵の数が増加する．(c) 交尾相手に再利用されずに残った自分の精子が，交尾相手の卵の受精に使われることで，自分の繁殖成功が高まる．

精子消化する生物はさまざまな同時的雌雄同体で報告されており，今後も具体的な種での報告が増えていくだろうと予測される．そうすれば，消化吸収された精子がどんな用途に使われていくかが明らかになっていくかもしれないし，今回紹介したモデルの検証ができるかもしれない．その日がくることを，私は楽しみにしている．

3.4 性の配分がもたらすさまざまな現象

3.1 節では雌雄異体における雄と雌の数を，3.2 節では同時的雌雄同体における精子生産と卵生産への資源配分を扱ってきた．このように，「雄と雌の性機能にどれだけ繁殖資源を投資するか」という問題は，性の配分問題とよばれる．性の配分理論はチャーノフが提唱し，1982 年に *The Theory of Sex Allocation* という本 (Charnov, 1982) を発表している．

チャーノフは自著の中で，性配分が扱うべき問題について次の5つを挙げている．

(1) 雌雄異体の生物では，産む子どもの性比をどうするか．性比とは産まれる子の中の雄の割合を指す．
(2) 性転換する生物の場合，どちらの性（雄または雌）を先にするか．また，性を変えるタイミングはいつか．
(3) 同時的雌雄同体において，繁殖シーズンごとに，雄機能（精子生産）と雌機能（卵生産）にどれくらいずつ資源を投資すればよいか．
(4) 雌雄同体や雌雄異体はどのような条件のもとで，安定的に存在するか．あるいは，異なる性システムが共存するのはどのようなときか．
(5) 生物が受ける環境や生活史の状況に応じて，個体が雄機能と雌機能への配分を変えるのはどのようなときか．

チャーノフが性配分問題として扱おうとしている (1) ～ (5) の項目は，それぞれが独立しているものではなく，互いに密接に関連していることに注目してほしい．生物個体がいつ，どのような環境で，どのような性を選ぶかは，すべて繁殖機能への資源配分の問題に帰着するのだ．雌雄異体もしくは性転換個体にとって，資源投資は1つの性のみに行うものとして見なすことができるし，また生物にとって，自分は雌雄異体（雄または雌）になるべきか，それとも雌雄同体になるべきか，は生涯を通じての繁殖パターンの問題である．以降の章からは，それぞれの性をもった生物による性配分が，さまざまな面白い現象をもたらすことを紹介したい．

4

誰がどんなときに性を変えるのか

4.1 性転換する生物とその方向

水族館に行くと，色鮮やかな水槽に目がとまる．その中でも，サンゴ礁の海の水槽は魚がとても鮮やかな体色をもっていて，見ごたえがある．サンゴ礁に棲む魚類は性転換をするものが多い．有名なのはイソギンチャクに棲むクマノミの仲間である．小さいときは成長に専念し，繁殖しない．ある程度大きくなると精子を作りはじめ，他個体が作る卵を受精させる．つまり父親として繁殖するのだ．ところがもっと大きくなると，精子の生産をやめて今度は卵を産み出す．つまり，雄から雌に性転換したことになる．水族館の展示案内にもそのことが書かれている場合がある．水族館を訪れる際は，ぜひパネルを読んでみてほしい．

水族館で見られる性転換する魚の中で行動を見ていて面白いのは，クリーナーフィッシュ（掃除魚）とよばれるホンソメワケベラである．雌から雄に性転換する魚で，ハタやウツボなどの大型魚類

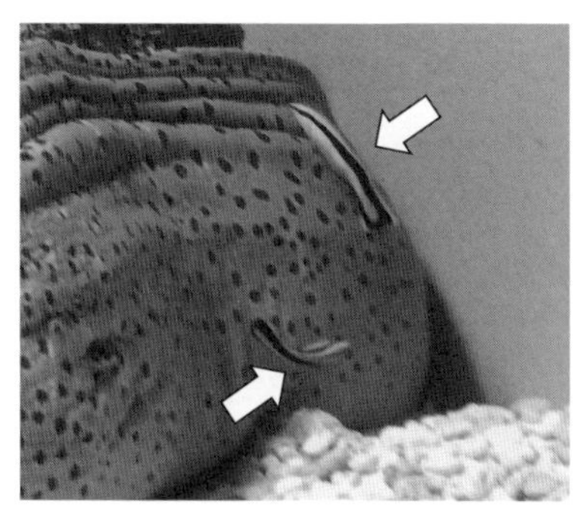

図 4.1　クリーニングするホンソメワケベラ
掃除されている魚は，私が苦手なウツボである．宮島水族館にて撮影．

の体表についている寄生虫を食べて生活している．青と白，黒のストライプがきれいで，雌よりも雄のほうが体が少し大きい．雌雄のペアでクリーニングステーションをもっていることが多く，水族館でもクリーニング行動は頻繁に観察することができる（図 4.1）．掃除が上手なホンソメワケベラにはひっきりなしにお客さんがくるが，下手な掃除魚は自ら出向いて掃除のサービスをしたり宣伝活動をしたりするわりに，途中でお客さんによく断られる．ホンソメワケベラなどの性転換する魚の行動観察については，中京大学教授の桑村哲生先生による『性転換する魚たち』（桑村，2004）がおすすめである．

性転換する生物は，魚類だけではなく，エビや巻貝，ゴカイ，サンゴといった海洋無脊椎動物にも見られ，陸上植物にもいる．植物で有名なのが，サトイモの仲間テンナンショウである．植物体が生えている場所の栄養状態に応じて，性転換をする．ちなみに，テンナンショウは天南星と書くことから，「エギゾチック」や「異国情緒がある」などといわれることもあるようだが，この花の生態を知

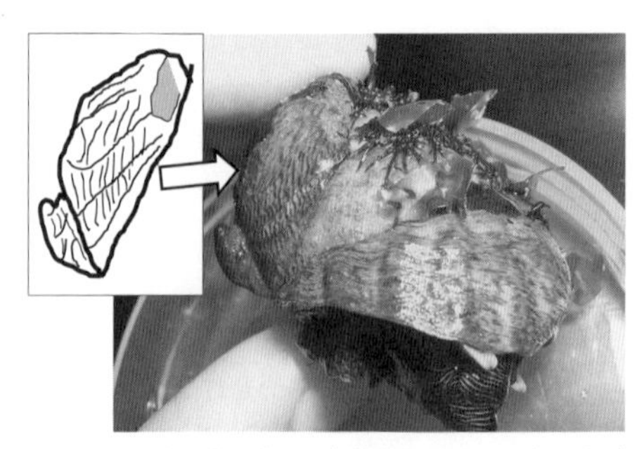

図 4.2　コシダカガンガラに寄生するシマメノウフネガイ
左側の線による描画がシマメノウフネガイである．大阪湾長崎海岸にて採集．

ると，そうだろうか，と思わずにはいられない．テンナンショウは虫に花粉を運んでもらう植物（虫媒花）で，雄花に入った虫は花粉まみれになりながらも，花から脱出可能である．しかし雌花に入ると，花粉を渡した虫には逃げ口がなく，そのまま閉じ込められるという悲惨な運命が待っている．したたかな花の戦略を感じてしまう．

巻貝にも性転換するものがいて，私は大学院生のとき研究室で飼育していたことがある．大阪湾の磯観察会でシマメノウフネガイという外来種を見つけたことがあった（図 4.2）．この巻貝は寄生者で，コシダカガンガラという巻貝の上に，2 個体が重なるようにくっついていた．たくさんの個体が積み重なっている場合は，下のほうの大きな個体は雌で，上のほうの小さな個体は雄である．中間の場所にいる個体は中間個体といって，性を変えている途中の個体である．私はフネガイの繁殖行動を見ようと，わくわくしながら飼っていたのだが，精子の放出は確認したものの産卵は確認できず，結局 2 個体とも死亡してしまった．とても残念な思い出である．

性転換をする貝を見たいというみなさんには，食卓でおなじみの

図 4.3　トコブシに寄生するキクスズメ
右下の線画ではキクスズメが 2 個体重なっている．大阪の魚市場にて購入したもの．

図 4.4　さまざまな性転換における生物の例
(a) 雄から雌になるタイプ．ハナビラクマノミ．沖縄県慶良間諸島にて撮影．(b) 雌から雄になるタイプ．サクラダイ．新江ノ島水族館にて撮影．(c) 双方向に性を変えるタイプ．オキゴンベ．サンシャイン水族館にて撮影．(a) と (c) の写真は澤田紘太氏提供．

トコブシやアワビなどの殻につく小さな貝に注目することをおすすめする（図 4.3）．トコブシなどの食用貝の上には時々びっしりとキクスズメという小さな寄生貝がくっついて，もしかすると性転換するかもしれないといわれている．ご自宅で飼ってみてはいかがだろうか．キクスズメの性転換が観察できたら，ぜひご一報いただきたい．

さて性転換とは，生物の機能的な性が一生のうちで変化することである．つまり，あるときから繁殖にかかわる器官の構造を作り替え，これまでとは違った性で生きる．雌から雄になるタイプや，雄から雌になるタイプ，両方向に性を変えるタイプがある．雌から雄になるタイプは魚類に多く，雄から雌になるタイプは無脊椎動物や植物に多い．その他，雌から雄，雄から雌，・・・というように双方向に性を変えるものもあり，ハゼ類でよく研究されている(図 4.4)．また，クサビライシという単体性のサンゴでも双方向の性転換をすることが最近の研究で明らかになった (Loya & Sakai, 2008).

4.2 どんなときに性を変えるのが有利なのか

生物はどのタイミングで性を変えるのが有利なのだろうか．また性を変える方向は，何によって決まっているのだろうか．

先に説明したように，生物の適応戦略をもたらした要因を知ろうとするなら，残せる子どもの数を最大にするような生き方を選ぶ要因に迫る必要がある．これを究極要因という．性転換の究極要因を説明する理論として，サイズ有利性モデルがある (図 4.5)．これは，はじめギセリン (Ghiselin, 1969) によって提唱され，その後ウォーナー (Warner, 1975) がグラフを用いて説明した．

サイズ有利性モデルは，「体サイズと繁殖成功の関係は，雌雄の性差や配偶システムによって変わってくる」ということに着目している．雌の産んだ卵がすべて受精されて発生するとすれば，雌の繁殖成功は雌自身が作る卵の数に比例するはずである．それは配偶システムには依存せず，雌の体サイズが大きくなるほど増加するだろう．これに対して，雄は自分の精子で受精した卵の数が繁殖成功になる．そのため，雄の繁殖成功は，雄自身の体サイズとともに配偶

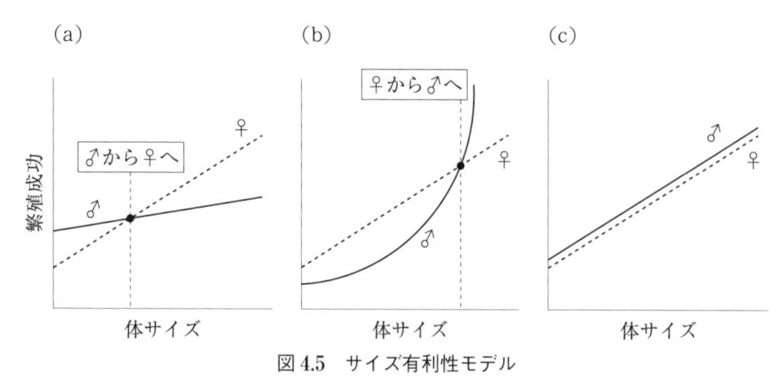

図 4.5　サイズ有利性モデル

(a) 雄性先熟型性転換（雄から雌へ）．ランダム配偶の場合に見られる．(b) 雌性先熟型性転換（雌から雄へ）．ハレム型に見られる．(c) 性転換が進化しない場合．雌雄の体サイズに差がない場合に起こる．

システムにも強く依存する．

たとえば，雌と雄が体の大きさにかかわらずランダムに配偶する場合や一夫一妻の場合は，雄は体が小さくてもたくさんの精子を作り出せば，それなりの繁殖成功を収めることができる．この場合，小さいうちは雄として繁殖し，のちに雌として繁殖するほうがよい．性転換タイミングは，雌雄の繁殖成功のグラフが交差するところである．自分の体サイズに応じて，繁殖成功が高い性を選ぶのである（図 4.5a）．これに対し，ハレム型（一夫多妻型）の配偶システムをもつものでは，たくさんの雌を 1 個体の雄が独占し，グループの雌に他の雄が近づかないように排除する．そのような種では，小さな雄は大きな雄に追い出されてしまう．つまり，小さい雄は繁殖成功をほとんど得ることができないが，大きな雄になると急激に高い繁殖成功を得る可能性が出てくる．この場合は，小さいうちは雌として繁殖し，大きくなったら雄に性転換する（図 4.5b）．

もちろん性転換が進化しない場合についても，サイズ有利性モデルで説明できる．たとえば雌と雄がともに同じサイズの相手と配偶する場合は，雌雄の繁殖成功の曲線が一致し，性転換は進化しない（図 4.5c）．以上のことから，性転換が起こるかどうかとその方向は，配偶システムと緊密に対応することが予測されている（Warner, 1981）．

4.3 フグの仲間の性転換の謎

サイズ有利性モデルによれば，性転換する個体はその繁殖集団中の 1 番大きな個体ということになる．一夫多妻たとえばハレム型の種だと，ハレム雄がいなくなると 1 番大きな雌が雄に性転換するのだ．しかし最近の研究で，最大雌ではなく 2 位以下の雌が性転換する場合があることがわかってきた（Muñoz & Warner, 2003; Takamoto *et al.*, 2003; Manabe *et al.*, 2008）．それはどうしてだろうか．先に述べたように雌の産卵数は，雌自身の体サイズに依存する．もし 1 番大きな雌が非常にたくさんの卵を産むことができる場合，雄に性転換するよりも，雌のままでいたほうが繁殖成功が高くなる場合がある．雌の繁殖成功は，雌自身が産む卵の数で，雄の繁殖成功は，繁殖集団中のすべての雌が産む卵をどれだけ受精させることができるかで決まる．もし性転換してハレム雄になったとしても，配偶相手の雌たちが小さくて卵をそれほどたくさん産まない場合，性転換個体の繁殖成功は目減りしてしまうこともあるのだ．それなら，自分は雌のままでいて，そのままたくさんの卵を産んだほうがよいこともあるだろう．すると，最大雌ではなく，自分より小さな 2 位以下の雌が雄に性転換する．この性転換個体にとっては性転換することで，雌のままでの繁殖成功よりもハレム雄になったときの繁殖成功が高い．

性転換は熱帯魚やハゼだけでなく，フグの仲間にもあることが近年発見された（Takamoto *et al.*, 2003）．そうはいっても，クサフグやトラフグといった猛毒をもつ体の丸いフグではなく，平べったい体のフグである．今回紹介したいフグはツマジロモンガラという魚で，雄が縄張りを作ってハレムを形成し，一夫多妻型（ハレム型）の配偶システムをもつ．ハレム型では雌から雄へ性転換するのだが，サイズ有利性モデルが予測するような最大雌の性転換は観察されなかった．むしろ小型から中型の雌が性転換するのだ．

ツマジロモンガラの生態を野外調査していた関さと子博士（当時琉球大学瀬底実験所）によると，同じ体長（頭から尾まで長さ）でも体幅（体の横幅）が異なり，また体幅によって産卵数が大きく異なるというのだ．関さんは私に，「ツマジロモンガラでは，雌の栄養状態による性転換が起きているのかもしれない」と話してくださった．つまり，体幅の大きさはその雌の栄養状態に依存し，栄養状態のよい雌は体幅が大きく，たくさんの卵を作ることができる．よって，栄養状態がよければ，雌は性転換する必要がなく，雌のままで十分な繁殖成功を得ることができるだろう．しかし，栄養状態の悪い雌はそのまま雌でいたのでは卵をたくさん作ることができないので，チャンスがあるときに雄に性転換してハレムを引き継いだほうが，たくさんの卵を受精させることができ，繁殖成功を上げることが可能だろう．これが関さんの「中間サイズ性転換」のアイディアである．個体にとっての栄養状態が性転換に影響する例は，植物ではテンナンショウで知られているが，魚類ではこれまでに報告がなかった．

ツマジロモンガラがどんな魚か気になったので，私は沖縄県の瀬底島へ見に行った．リーフエッジという，その先を越えれば急に深くなるサンゴ礁の端に行くまでのところに彼らは棲息していて，すぐに見つけることができた．体全体は茶褐色で何とも地味な魚であ

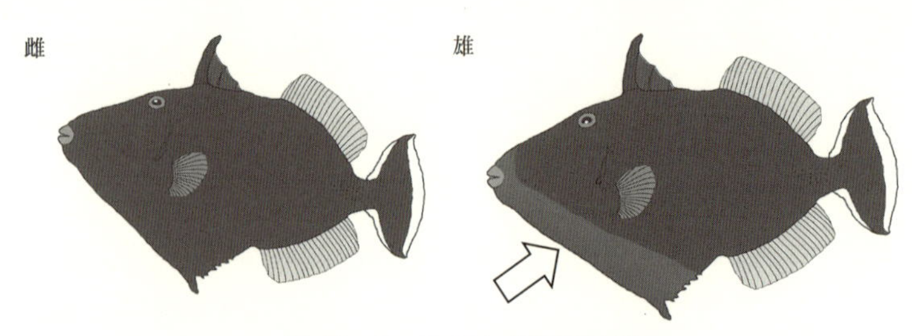

図 4.6　ツマジロモンガラの雌と雄
雌は全体が茶褐色であるが，雄は喉元から腹びれにかけて紫色である（矢印の部分）．関さと子博士による描画．

る．雄は喉から腹びれにかけて紫色をしているので，雌と見分けることができる（図 4.6）．背びれと腹びれをぱたぱたと小さく振って泳いでいて，かわいらしい．しかし，見に行った時期が少し悪かった．繁殖期を迎えていて，雌は産んだ卵を大事に保護するため人間が近づくと容赦なく突進してくる．子どもを守るためだから当然の行動ではあるが，とても怖かった．研究者仲間にその話をしたところ，「ツマジロモンガラは小さい魚だからまだいい．もっと怖いのがいる」という．ツマジロモンガラと同じモンガラカワハギの仲間でゴマモンガラという魚は，70 cm にもなるほど大きく，繁殖期の凶暴さはダイバーに大変怖れられているという．浅瀬にもいるので注意が必要である．繁殖期のモンガラカワハギの仲間には近づかないほうがよさそうだ．

ツマジロモンガラの雌と雄では縄張りのもち方が異なるので，それを見ていこう（図 4.7）．雌はえさを食べるための縄張りをもっていて，その縄張りから得られる栄養の量や質が，雌の体サイズ（体長および体幅）を決める．縄張りにあるえさの豊富さや質のよさを，縄張りの質とよぶことにしよう．つまり，縄張りの質がよい雌

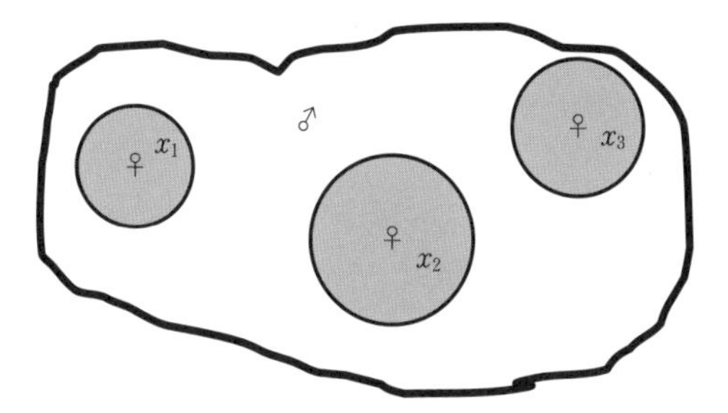

図 4.7　雌と雄の縄張り

雌はえさを食べるための縄張りをもち，雄は繁殖相手の雌が出て行かないように雌を防衛するための縄張りをもつ．雌のえさ縄張りの質 (x) は，個体によって異なる．

は栄養状態がよいので，質が悪いところにいる同じ体長の雌と比べると体幅が大きい．

一方，雄の縄張りは，ハレムにいる雌たちを防衛するためのものである．雌がハレムから出て行ったり，他の雄に横取りされたりしないように，ハレム雄は必死で自分の縄張りを守るのだ．ハレム雄の縄張りは，雌の縄張りの質には関係しない．雄は時間が経つにつれ，ハレムの中にいる雌の数を，一妻から二妻，三妻へと増やしていく．ただし，雌から雄への性転換直後の個体は，少しの間は雌がいない独身雄として過ごす．この独身雄は縄張りをもたず，雌よりも速いスピードで成長する．おそらく，ハレム雄として縄張りを守るようになるために，体を大きくする必要があるのだろう．

4.4 中間サイズ性転換をモデル化する

雌の栄養状態と性転換サイズの関係を説明する数理モデルを作ることにした．ツマジロモンガラの生活史を具体的に見ていこう．

個体群中のほとんどの個体は，雌から雄に性転換し，いつ性転換するかは雌の縄張りの質に依存している．ツマジロモンガラがはじめに雌として繁殖する場合，雌の繁殖成功に大事なのは，自分がどれだけ卵を産めるかである．雌は体サイズ（体長と体幅）が大きくなればなるほど，たくさん産卵できるようになるし，縄張りの質 x がよければ，もっとたくさんの卵を作ることができるだろう．つまり，ある年齢における産卵数は，そのときの体長・体幅，さらには縄張りの質のよさ x によって決まる．縄張りの質 x のところにいる雌の繁殖成功 $\phi_{\mathrm{f}}(x)$ は，性転換年齢 $\tau(x)$ までに雌が産んだ卵の数を足し合わせればよい．ただし，性転換年齢まで雌が生き残っている必要があるので，雌の生存率で重み付けしなければならないことに注意しよう．つまり，

$$(\text{雌の繁殖成功}) = \Sigma[(\text{生存率}) \times (\text{産卵量})]$$

となる．Σは［…］の中身を，繁殖開始時間0から性転換時間 $\tau(x)$ まで足し合わせることを表している．ある時刻までの雌の生存率は，雌の死亡率を使って計算することができるが，野外での死亡率はわかっていない．ところで，雌は自身の縄張りの中にあるえさを食べて成長する．ここで，体長の大きさの変化を考えよう．雌の体長を $L(t)$ と書くと，その成長率 a は一定であることが野外調査からわかっている．すると雌の体長の変化は，

$$\begin{aligned}(\text{雌の体長}) &= (\text{雌としての繁殖開始時の体長}) \\ &\quad + (\text{成長率}) \times (\text{繁殖開始からの年齢})\end{aligned}$$

となる（図 4.8）．

性転換して雄となった個体は，残念ながらすぐにはハレム雄にはなれない．つまり雌を囲う縄張りをもてず，独身のまましばらく過ごす．しかし，独身雄は繁殖に資源を使う必要がなく成長に専念できるので，あっという間に大きくなり，ある体長を超えるとハレム

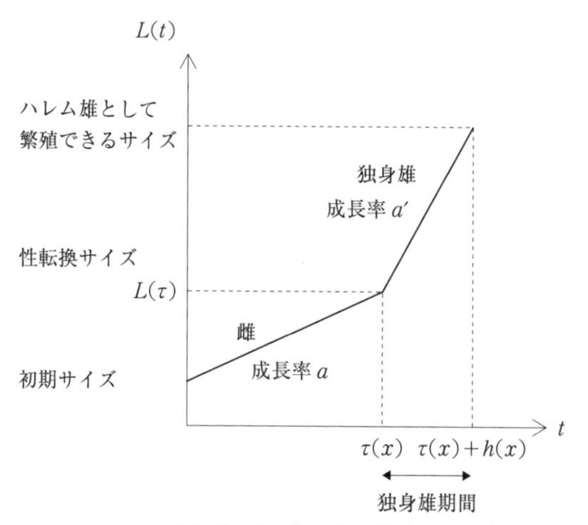

図 4.8　雌と独身雄の成長

雌も独身雄も一定の成長率で大きくなる．独身雄の成長率は雌よりもはるかに大きいことに注意.

雄になることができる (Seki *et al.*, 2009)．独身雄は，雌の成長率よりもはるかに大きな成長率をもつのである．独身雄の成長率 a' は野外調査の結果から得られている（図 4.8)．

この小さな独身雄は，ハレム雄になるまでは安定な縄張りをもてないため，死亡率が高いようだ．独身雄は大きく成長するにつれて，死亡率は下がっていくことが期待される (Iwasa, 1991)．そこで独身雄の日当たり死亡率は，$b/L(t)$ というようにこの雄の体長に反比例するとしよう（図 4.9)．このときの反比例定数を，独身雄の死亡率係数 b とよぶ．ある時刻 t_0 から後の時刻 t_1 までの生存率は，この日当たり死亡率を積分し，マイナスをつけて指数関数の肩に乗せたものである．独身雄の生存率は，性転換直後 ($t_0 = \tau(x)$) からハレム雄になるまでの時刻 ($t_1 = \tau(x) + h(x)$) を使って求める

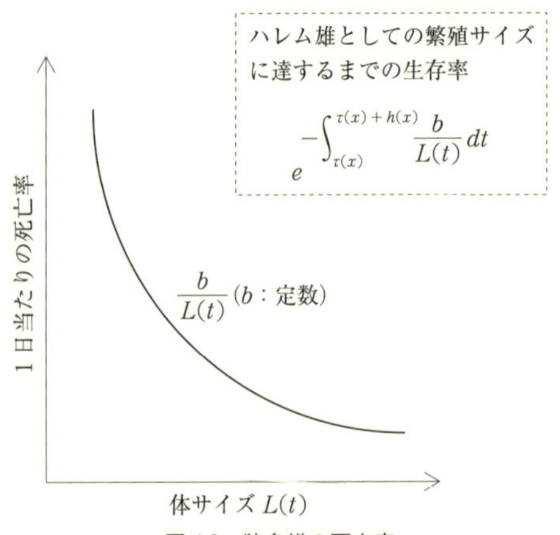

図 4.9　独身雄の死亡率

独身雄は縄張りをもてないため，死亡率が高い．体長が大きくなるにつれて，死亡率は低くなる．独身雄の死亡率は，そのときの体長に反比例するとしよう．

ことができる（図 4.9）．

めでたく雌を囲む縄張りをもち，繁殖可能になったハレム雄の繁殖成功を考えてみよう．ハレム雄の平均繁殖成功 ϕ_{m} は，個体群中にいるすべての雌の産卵量をハレム雄の数で割ったもので計算できる．なぜなら，すべての雄の繁殖成功の総和は，すべての雌の繁殖成功の総和と等しいからである．このことを式で書き表すと，次のようになる．

(ハレム雄の数)×(ハレム雄の繁殖成功)

＝(雌の数)

　×Σ[(質 x の縄張りをもつ雌の繁殖成功)×(質 x の縄張りの割合)]

Σは［…］の中身をすべての x の値で足し合わせることを表している．ここで縄張りの質 x は，個体群中において一様に分布しているとしよう．つまり，よいものから悪いものまで，どんな質の縄張りも同じ数だけあるということである．4.5 節で述べるが，縄張りの質 x 自体を測定することは野外では困難である．

ツマジロモンガラの一生の繁殖成功を V と書く．これは雌としての繁殖成功とハレム雄としての繁殖成功を足し合わせたものである．式で書くと，

（個体の生涯繁殖成功）＝（雌としての繁殖成功）
＋（性転換するまでの生存率）
×（性転換後，ハレム雄になるまでの生存率）
×（ハレム雄としての繁殖成功）

と表すことができる．

生涯繁殖成功 V を記号を使って書いてみよう．記号として，以下のものを用意する．

ϕ_f：雌としての繁殖成功
ϕ_m：ハレム雄としての繁殖成功
μ：雌の日当たり死亡率
$\tau(x)$：縄張りの質 x のところにいる雌の性転換年齢
$h(x)$：性転換してからハレム雄になるまでにかかる時間
$b/L(t)$：性転換してからハレム雄になるまでの日当たり死亡率

これらの記号を使って生涯繁殖成功 V を書くと，

$$V = \phi_\mathrm{f}(x, \tau) + \exp(-\mu\tau(x))\exp\left(-\int_{\tau(x)}^{\tau(x)+h(x)} \frac{b}{L(t)}dt\right)\phi_\mathrm{m}$$

となる．右辺の第 1 項は雌としての繁殖成功，第 2 項は性転換した

後のハレム雄としての繁殖成功である．後者は3つの因子の積になっている．まず性転換する日までの生存率 $\exp[-\mu\tau]$，次に性転換をしてからハレム雄になるまでの生存率 $\exp\left[-\int_{\tau}^{\tau+h}(b/L(t))dt\right]$，そしてハレム雄になってからの繁殖成功である．性転換する齢 τ もハレム雄になるまでの独身雄としての期間 h も，ともに縄張りの質 x に依存するので，x の関数として書いてある．

独身雄の成長率 a' を使って，生涯繁殖成功 V の式を書き換えてみよう．年齢 t の独身雄の体長 $L(t)$ は，成長率 a' と性転換年齢 $\tau(x)$ を用いて，

$$L(t) = L(\tau(x)) + a'(t - \tau(x))$$

と書くことができる（図 4.8）．これでようやく生涯繁殖成功 V を最大にするような最適な性転換年齢 $\tau^*(x)$，もしくは最適な性転換サイズ $L(\tau^*(x))$ を求める準備ができた．

次に，最適な性転換年齢 $\tau^*(x)$ を計算しよう．これは縄張りの質 x によって変わるので，x の関数としてある．ある性転換年齢が最適であるということは，性転換年齢が少し遅くなったり早くなったりしたときに，もとよりも損になる，少なくとももとより得にはならないということが必要であろう．つまり V の値は図を描くと，性転換年齢に対して $\tau^*(x)$ のときにピークになっている，V を τ で微分するとゼロになっていることから計算できることになる．

上記の数式から，V はいろいろなやり方で性転換年齢に依存していることがわかる．まず性転換年齢を小さくすると雌の繁殖が低下するが，次のハレム雄になるまでの生存率は改善される．これらは，上記の式では ϕ_f が τ によって変わることと，その後の生存率の式に入る τ が変化することとして表される．これらが変化するときに途中で V を最大にするサイズがあり，それがいま求めるもの

である．

ハレム雄の成功率 ϕ_{m} はどうだろうか．実際にすべての魚が性転換サイズを小さくすると，これもぐっと小さくなるはずだ．というのも，小さいサイズで雌をやめ，多くがハレム雄のサイズに到達するとしたら，ハレム雄当たりの受精成功度は低下するからである．しかし，ここで1つ注意しないといけないのは，ハレム雄の繁殖成功の変化は，いまの最適を考える場合には考慮してはいけないことである．なぜなら，いまは全員が小さなサイズで性転換するということではなく，ほとんどすべての個体が τ^* という値で性転換しているときに，1個体だけそれらよりも早く性転換したら有利になるかどうかを考えているからだ．そのため，ハレム雄の成功率 ϕ_{m} は，もとのままの値を使って計算するのである．

ハレム雄の繁殖成功 ϕ_{m} は，個体群中の大部分の個体がとる性転換年齢 $\tau(x)$ に依存する．一方で雌の繁殖成功 ϕ_{f} は，大部分の個体がとる性転換年齢 $\tau(x)$ ではなく，それとは違う性転換年齢 $u(x)$ をもつタイプの個体を考え，他の個体と同じ τ^* からずれるときに V が低下する．もし，$\tau^*(x)$ が進化的に安定な戦略とするならば，上記の V を u で偏微分してゼロとおけば，それを満たすはずである．そこで，$\partial V/\partial u|_{u=\tau^*}=0$ を数値的に解いて，縄張りの質 x における進化的に安定な性転換年齢を求めよう．性転換年齢 $\tau^*(x)$ が解ければ，雌の成長率 a を使い，性転換サイズを計算することができる．雌の繁殖開始サイズを L_0 とすると，最適性転換サイズは $L(\tau^*(x))=L_0+a\tau^*(x)$ である．

4.5 雌の縄張りの質をどう評価するか

ツマジロモンガラがなぜ中間サイズで性転換するのか．これを数理モデルで説明するのに重要な要因は，雌の縄張りの質である．この「質」というのは，野外で定量的に測るのは難しい．縄張りの質を，どのようにモデルの中で評価すればいいのだろうか．そこで関さんがもっていた，雌の体長と体幅という2つの野外データに着目した．体長と体幅には，おそらく正の相関があるだろう．つまり，体長が大きければ，体幅も大きくなる．ここで，えさがたくさん得られる個体と，少ない個体を考えてみよう．同じ体長でも，えさが多い個体は，少ない個体よりも太る，つまり体幅が大きくなるだろう．このことをグラフで示してみよう（図4.10）．

まず，体長 L と体幅 W を2次元平面上にプロットし，回帰直線を引く．このとき，一般的に常用対数軸でプロットされることが多い．この直線を，標準的な質の縄張りにいる個体が従う体長と体幅の関係式と見なそう．この回帰直線からy軸方向のずれ，つまりある体長において体幅がどれだけ回帰曲線から離れているかが，縄張

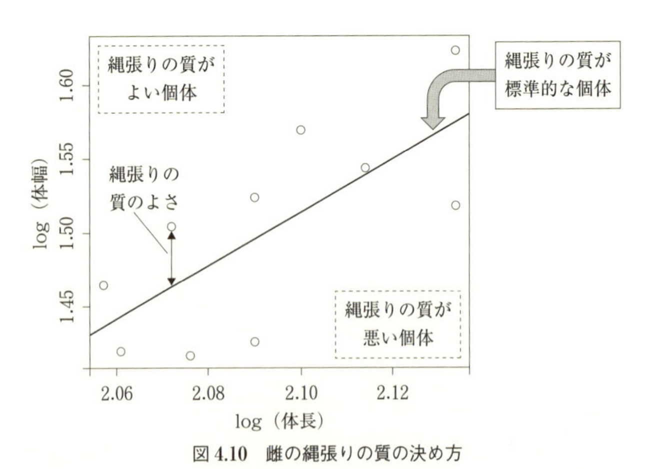

図4.10　雌の縄張りの質の決め方

体長と体幅の回帰直線上にいる個体は，標準的な縄張りの質をもっているとしよう．回帰直線より上にプロットがある個体は，縄張りの質がよいところにいる個体である．逆に，回帰直線より下ならば，縄張りの質は悪いところにいる個体である．

りの質 x の良し悪しを表している．つまり，ある個体の体長・体幅のデータ点が回帰曲線よりも上にあるならば，その個体はえさが豊富な縄張りにいるし，回帰曲線よりも下にあるならば，えさが少ない縄張りにいることを示している．これで，体長と体幅，縄張りの質がどんな関係にあるかを明らかにすることができた．

4.6 どんなときに中間サイズの雌が性転換するか

このモデルでの環境要因は，雌の死亡率 μ と独身雄の死亡率係数 b，雌の成長率 a，独身雄の成長率 a' である．野外調査からわかっているデータは，雌の成長率 a と独身雄の成長率 a' である．雌の成長率のデータは 35 個体と多く，統計の結果も信頼性が高いのでそのまま値を使うことができるが，性転換独身雄は観察例が 2 例しかなく，統計検定にかけることができない．独身雄の平均成長率は求めることが可能であるため，それを用いるとともに，もし独身雄の成長率が異なる値をとったら性転換サイズにどのような違いが見られるかを調べてみよう．ちなみに，雌の成長率 a は平均 1.6 mm/year，独身雄の成長率 a' は平均 34.6 mm/year で，独身雄がいかに速く大きく成長するかがわかるだろう．今回は，雌の死亡率 μ と独身雄の成長率 a' を別々に変化させたときに，雌の最適性転換サイズがどのように変わるか，および中間個体の性転換が見られるかを調べた．独身雄の死亡率に関しては全くデータがなく，モデルにおいてもそのときの体長に反比例した死亡率をもつと仮定したので，独身雄の死亡率係数 b は固定した値を与えることにしよう．

雌の死亡率が異なる場合

まず，雌の死亡率 μ を変えた場合に，雌の縄張りの質 x に依存して性転換サイズがどうなるかを見てみよう（図 4.11）．横軸は雌の

縄張りの質 x，縦軸は性転換サイズである．今回の計算では，縄張りの質 x の範囲は，$-0.07 < x < 0.07$ とした．また，繁殖できる雌の最小サイズを 1.00，最大サイズを 1.30 にし，単位は [×100 mm] とした．

自分がもっている縄張りの質 x が悪いほど，雌はより小さいサイズで性転換する．たとえば，雌の死亡率 $\mu = 0.15$ の曲線を見てみよう．縄張りの質 x が小さければ性転換サイズは小さく，x が大きくなるほど性転換サイズは大きくなることがわかる．つまり，縄張りの質 x がよい個体ほど，より大きなサイズまで雌であり続け，ついには性転換しない雌が出てくる（図 4.11 の性転換サイズ 1.30 でグラフが平らになっているところがそうである）．

次に，雌の死亡率が小さい場合についてグラフを見てみよう．た

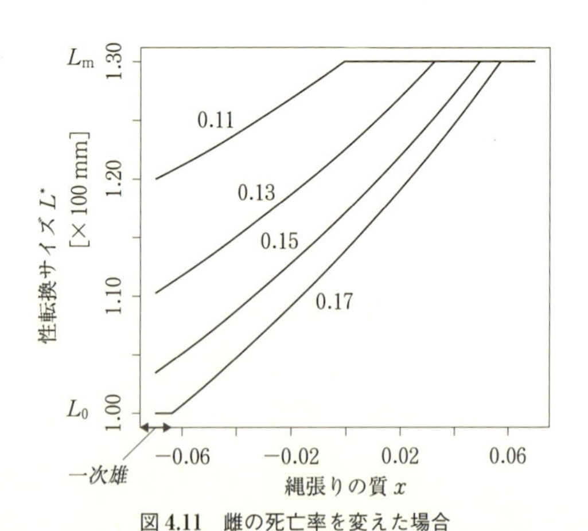

図 4.11　雌の死亡率を変えた場合

雌の死亡率の大きさは，それぞれの曲線上に示している．横軸は雌の縄張りの質 x，縦軸は最適性転換サイズ $L(\tau^*(x))$ である．独身雄の死亡率係数 $b = 2.4$ とし，独身雄の成長率は実測データ $a' = 0.346$ [×100 mm/year] である．Yamaguchi *et al*. (2013) より．

とえば，縄張りの質が最小値 −0.07 の場合，雌の死亡率が大きくなるほど性転換するサイズが小さくなる．死亡率 0.17 では，性転換サイズが成熟雌の最小サイズ 1.00 になっている．これは，雌による性転換は起こらず，最初からずっと雄という個体の存在を意味する．性転換経由ではなく，はじめから雄としている個体のことを，一次雄という．

このモデルによれば，雌の死亡率によらず，質のよい縄張りをもつ雌は性転換しない．そうでない雌は大きくなると雄に性転換するが，縄張りの質が悪い雌ほど，より小さなサイズで性転換することがわかる．これは，実際の現象をよく説明している．縄張りの質が悪いところでは，雌の死亡率が高まるほど性転換が早まる．これは死亡しにくい雄に早く性転換するほうが，個体にとって有利だからである．

独身雄の成長率が異なる場合

独身雄の成長率 a' は，高本剛祐さん（九州大学理学部）らの調査データから平均 34.6 mm/year であることがわかっているが，独身雄は 2 個体しか観測されなかった（Takamoto *et al*., 2003）．性転換個体を野外で見つけるということは，とても大変なことなのだ．性転換個体がもっと見つかれば，もしかすると独身雄の成長率の値は変わってくるかもしれない．そこで，この成長率 a' が異なる場合，性転換サイズに影響が出るかどうかを調べてみた（図 4.12）．

独身雄の成長率がよいほど質の悪い縄張りにいる雌は小さいサイズで性転換し，さらには一次雄が現れる（$-0.07 < x < -0.01$ を見てみよう）．一方，縄張りの質がよいところにいる雌は，大きいサイズにならないと性転換しないか，あるいは全く性転換が見られない（$-0.01 < x < 0.07$ のあたり）．どうしてこのようなことが起こ

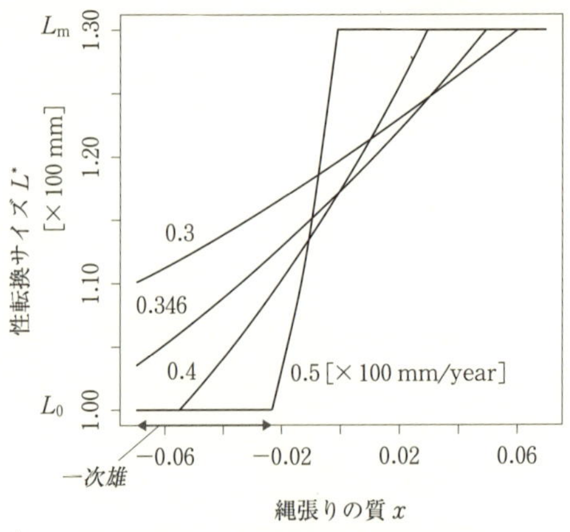

図 4.12　独身雄の成長率を変えた場合

独身雄の成長率はそれぞれの曲線上に示している．単位は [×100 mm/year] であることに注意．成長率 $a' = 0.346$ は野外調査データである (Takamoto *et al.*, 2003)．雌の死亡率は $\mu = 0.15$，独身雄の死亡率係数は $b = 2.4$ とした (Yamaguchi *et al.*, 2013)．

るのだろうか．独身雄の成長率が高いほど，縄張りの質が悪い，つまり小さい x をもつ雌が早々と性転換するのは，独身雄からハレム雄になるまでにかかる時間が短くなると独身雄のまま死んでしまい，ハレム雄になれないという残念な状況を避けることができるからだ (Iwasa, 1991)．この結果，個体群中の雄の数が増えてしまう．個体群中の雄全体の繁殖成功と雌全体の繁殖成功は一致するので，質のよい縄張りをもつ雌はできるだけ雌のままでいようとして，性転換するタイミングを遅らせる．

4.7　中間サイズ性転換モデルから見えてくること

質がよい縄張りをもつメスは性転換しにくく，その結果 1 番大きい雌による性転換は観測されない．その代わり，より小さい雌が雄に性転換することがわかった．このように，縄張りの質という，雌にとっての栄養条件を考慮したモデルの結果は，野外のツマジロモンガラのデータを説明できる．また，雌の死亡率や独身雄の成長率に依存して，性転換のタイミングや一次雄の有無が変化することがモデルからわかった．

性転換サイズやそのタイミングが個体群中のそれぞれの個体によってどうして異なるのか．それは，自分の周りにいる個体の体サイズや局所的な性比・個体群密度などの社会的な条件の違いによると説明されている（Munday *et al*., 2006）．たしかに社会的条件も性転換現象にとって重要な要因であるが，環境要因の違いも無視できない．たとえば，雄性先熟的な巻貝では，えさ環境や環境ストレスによって，性転換するサイズが変わってくる（Mérot & Collin, 2012a, 2012b）．この章のはじめに取り上げたテンナンショウという植物でも，栄養状態という環境要因に応じて性を変える（Freeman, 1980）．えさの豊富さといった栄養状態は，性転換個体の性配分（いつ，どちらの性に資源を投資すべきか）だけでなく，同時的雌雄同体の性配分（両方の性機能にどれくらいずつ資源を投資すべきか）にも影響を及ぼすとても興味深い環境要因となる．第1章では，矮雄の生活史戦略がえさ環境（栄養状態）に依存する話をしたが，えさ環境は矮雄だけでなく，大型の雌雄同体や雌の生活史にも影響する環境要因となる．えさの豊富さは，生物にとって繁殖資源の獲得に直結する要因なので，各個体は自らの栄養状態にあわせた生き方を選んで，その環境に適応しているのだろう．今回はツマジロモンガラというフグを例に，性転換個体における性配分を説明したが，この例は栄養状態に依存した生き方をする特殊なケースというわけではなく，他のさまざまな生物にもおそらく観察され得る現象である．

生物の性決定と性的二型の進化

5.1 遺伝性決定と環境性決定

生物には，雄や雌，雌雄同体といったさまざまな性がある．では，生物の性はいつどうやって決まるのだろうか．生物の性の決まり方（性決定様式）には大きく分けて2つある．1つは遺伝性決定という，個体がもつ遺伝子型で決まるもので，もう1つは環境性決定とよばれ，温度や水のpH，社会的な相互作用などの環境が引き金となって性が決まるものである．それぞれの性決定方式について，具体的に見ていこう．

遺伝性決定

遺伝性決定は，哺乳類や鳥類をはじめ，両生類，大部分の昆虫で見られる性決定様式である．私たちヒトを含めた多くの哺乳類では，XとYという2種類の性染色体をもっていて，それらの組み合わせによって性が決まる．女性（雌）ならばX染色体を対でもち（XX），男性（雄）ならばX染色体とY染色体をもつ（XY）．つまり，XとY染色体で決まる性決定は，雄ヘテロ型性決定である．なぜXYの組み合わせが雄になるのかというと，Y染色体上には雄性化遺伝子があるからだ．この性決定遺伝子はSRYといって，まだ性が分化していない生殖腺を精巣に分化させる役割がある．SRY遺伝子が胎児のときに発現すると，雄になる．ということは，ヒトは胎児の段階において，SRY遺伝子が機能する前はみんな女性（雌）の状態なのだ．

一方で，雌ヘテロ型の遺伝性決定は，鳥類やヘビ，チョウなどで見られる．この場合の2つの性染色体はZとWとよばれる．ZWの組み合わせになれば，その個体は雌になり，ZZの組み合わせでは雄になる．ZW型性染色体性決定がなぜそれぞれの性の分化をもたらすのかについては（つまりどの性染色体に性決定遺伝子があるのか），まだはっきりしたことがわかっていない．

他にも遺伝的性決定には面白い現象がある．たとえばアリやハチなどでは，受精卵から発生する二倍体の子どもは雌になり，未受精卵から発生する子どもは雄になるという半倍数性決定というものがある．未受精卵から発生するというのは，つまり父親の精子が関与しないため父親の遺伝子を受け継がず，母親の遺伝子だけをもつということだ．

このように遺伝性決定は，性染色体の組み合わせが雌と雄によって異なる決まり方といえる．

環境性決定

環境性決定は遺伝によらない性決定で，多くの爬虫類で見られる．たとえばカメでは，母親が卵を温めたときの孵化温度で子どもの性が決まる．これを温度性決定とよび，環境性決定の1つの例で

ある (Charnov & Bull, 1977; Conover, 1984; Janzen & Paukstis, 1991; Crew & Bull, 2009; Merchant-Larios & Díaz-Hernández, 2012). 環境性決定の他の例として，ボネリムシという海に棲む無脊椎動物（ユムシ動物）がもつ性決定方式がある．ユムシは「ムシ」という名前がついているが，ちっとも虫らしくなく，見かけはミミズを太く長くしたような体で，穴を掘ってその中で暮らしている．磯で砂を掘り起こしていたらたくさん出てきて，その独特の姿形にぎょっとすることがある．ボネリムシは性的二型といって，雌と雄の体サイズが著しく異なる．雄は矮雄であり，雌の体内で寄生生活をしている．大きな個体の近くに定着したボネリムシは矮雄になり雌の体内に寄生するが，近くに大型個体がいなかったり，単独でいたりする場合は自らが雌になる．このように，その個体が経験する環境（この場合は大型個体の有無）に応じて，性が決まるのである (Baltzer, 1934; Agius, 1979; Jaccarini *et al.*, 1983).

ボネリムシのような環境性決定は，鯨骨生物群集で見られるオセダックスという環形動物多毛類でも起きているかもしれないといわれている．鯨骨生物群集というのは，死亡して海底に沈んだクジラの体が分解されていく際にできあがる独特な生物の集まりである．オセダックスは，クジラの骨のみをすみかとし，とてもきれいな赤い色彩をもっていることからホネクイハナムシ（別名ゾンビワーム！）とよばれている．矮雄をもつことが知られ，雄は雌の体内で暮らしている (Rouse *et al.*, 2004, 2008). オセダックスの場合，まだ環境性決定であると断定されたわけではなく，これからの研究が待たれる．

2 種類の性決定，遺伝性決定と環境性決定にはそれぞれ長所と短所がある．遺伝性決定のよいところは，それぞれの性に見合った受精卵のサイズを選ぶことができるということである．一方，環境性決定の長所は，子ども自身が自分のおかれた環境にあわせて性を選べるため，繁殖の機会を逃すことが少ない点にある．しかし逆に考えれば，環境を見てから性を分化させるので，すでに性が決まっている他個体がいるとその個体に出し抜かれてしまう危険性も含んでいるのだ．では，どのような状況のときに，どちらの性決定が進化するのだろうか．あるいは遺伝性決定および環境性決定が共存することがあるのだろうか．環境性決定と遺伝性決定の 2 つの性決定方式を両方とももち合わせているフジツボについて，紹介しよう．

5.2 甲殻類の寄生者「フクロムシ」

今回紹介する生物は寄生性フジツボで，その名もフクロムシという．フクロムシは，カニやヤドカリなどの甲殻類に寄生する（図 5.1）．図 5.1 で，ヤドカリのおなかに袋のようなものが見えている．だから和名がフクロムシなのである．私は初めてフクロムシを見たとき，カニやヤドカリが卵を抱いているのかと思った．それもその

図 5.1　ヤドカリに寄生するフクロムシ

矢印の先にあるのが，雌のエキステルナである．スケールバーの単位は［mm］．デンマークコペンハーゲン大学動物学博物館所蔵標本を撮影．

はずで，フクロムシに寄生されたカニは，あたかもこの袋を自分の子どものように，水流を起こして酸素を行き渡らせるなど世話をする．驚くべきことに，この行動は雄カニでも見られる．フクロムシは宿主（寄生された個体）の行動を支配してしまい，自分に都合のよい行動をとらせるのである．フクロムシが作り出すこの袋のことをエキステルナといい，フクロムシの雌により作られる．雌は宿主の体内に根っこ（インテルナという）を張りめぐらせ，宿主が繁殖できないようにしてしまうのだ．宿主は自分が繁殖できなくなるだけでなく，寄生者フクロムシの子を世話させられるのだから，何とも物悲しい人生（カニ生？）である．

ところで，フジツボは基本的に同時的雌雄同体であると述べたが，フクロムシはすべての種で，雌雄異体，つまり雌と雄がいて，雄は矮雄である．宿主1個体につき，雌のフクロムシは1個体しかくっつくことができない（Ritchie & Høeg, 1981; Høeg & Lützen, 1995）．矮雄は雌のエキステルナの中に棲んでいて，ほとんど精巣のみになっている．矮雄が発見される前は，自家受精する雌雄同体に見えていたそうで，「隠れ雌雄異体」という異名がある．

フクロムシの生活史を見ていこう（図5.2）．まずフクロムシの雌幼生が宿主に寄生し，宿主の体の中にインテルナを張りめぐらす．その後，宿主のおなかにエキステルナを発達させ，その中に雄幼生が入る．そして，雌雄のフクロムシが繁殖を行い，幼生まで育てて，エキステルナから幼生を放出する．

雌1個体の中にいる矮雄の数は，種によって大きく異なる．雄を2個体しか受け入れない雌もいれば，たくさんの雄を受け入れる雌もいる．雌が受け入れる雄の数と性決定方式には，幼生の大きさを通じて何らかの関係があることがわかってきた．フクロムシの繁殖システムとともに，それを紹介しよう．

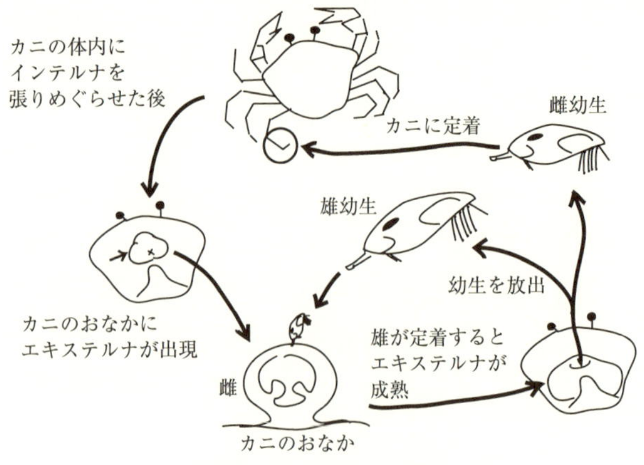

図 5.2　フクロムシの生活史

フクロムシの雌幼生がカニに寄生し，カニの体の中にインテルナを張りめぐらす．その後，カニのおなかに外部形態であるエキステルナを発達させ，その中に雄幼生が入る．そして，雌雄のフクロムシが繁殖を行い，幼生まで育てて，エキステルナから幼生を放出する．

5.3 フクロムシの繁殖システムと幼生の性的二型

私の共同研究者であるデンマークのヘーグ教授（Jens T. Høeg）がまとめたフクロムシの繁殖システムは，大きく分けて 2 つある．それらをシステム 1 とシステム 2 とよぶことにしよう（図 5.3）．

フクロムシの 90% 以上の種はシステム 1 に入る（図 5.3a）．システム 1 では，受精卵・幼生の大きさや形態に雌雄の違い（性的二型）がある．フクロムシの幼生は口をもたず，えさをとらないので，受精卵の段階でもっていた卵黄栄養だけで過ごす．よって，雌雄の幼生の大きさは受精卵の大きさをそのまま反映しており，受精卵の段階で性別がわかるのだ．つまり，受精卵の時点で性が決定しており，母親が子の性を決めているといわれている．フクロムシの

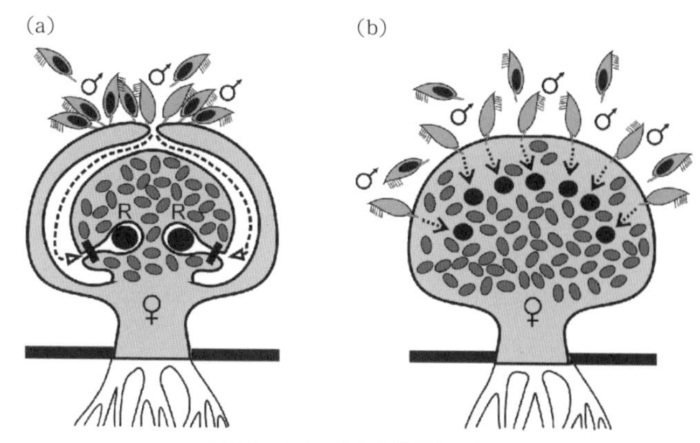

図 5.3　フクロムシの繁殖システム

(a) システム 1：1 雌が 2 つのレセプタクルをもち，最大 2 個体の雄を受け入れる．
(b) システム 2：雌はレセプタクルをもたないので，たくさんの雄を受け入れる．
Yamaguchi *et al*. (2014) より．

性を決める性染色体や性決定遺伝子は，いまのところ知られていないが，このような幼生の性決定方式は遺伝性決定とよばれている．

システム 1 のフクロムシでは，大きな受精卵（幼生）は雄に，小さな受精卵（幼生）は雌になる．雌は雄を受け入れるための特別なポケットを 2 個用意している．この雄専用ポケットのことをレセプタクルといい，1 レセプタクルに雄を 1 個体入れることができる．つまり，1 雌は最大で 2 個体の雄を受け入れる．

一方，システム 2 はおよそ 25 種のフクロムシ（ツブフクロムシの仲間）に該当し，幼生には形態や大きさに雌雄の違いがない（図 5.3b）．雌はレセプタクルをもたず，たくさんの雄（10～数百個体の雄！）をエキステルナに受け入れる．雄と雌の幼生にサイズの違いが見られないのは当然で，幼生の段階ではまだ雌雄が決まっていないのだ．幼生の性決定は環境性決定で，幼生が経験した環境によ

表 5.1　フクロムシの２つの繁殖システムのまとめ

	システム 1	システム 2
幼生のサイズ	二型あり（雄が大きい）	単型
性決定	母親が決める（遺伝性決定）	子の環境で（環境性決定）
レセプタクル	あり	なし

って性が決まる．つまり，フクロムシが感染していない宿主に出会うと，幼生は雌になり，雌が感染している宿主に出会うと，幼生は雄になる．以上のフクロムシの２つの繁殖システムを表にまとめておこう（表 5.1）．

フクロムシの２つの繁殖システムにおいて着目してほしいところは，雌フクロムシが雄を受け入れるポケットであるレセプタクルをもつかもたないかによって，幼生の雌雄における違いの有無が見られることである．雄フクロムシにとっては，雌へくっつくことができるかどうかによって，自らの繁殖成功が得られるかが決まる．つまり，雌への寄生をめぐる雄同士の競争の強さは，レセプタクルの有無によって変わってくるだろう．雄２個体しか受け入れないシステム１の場合，雌のレセプタクルをめぐる競争は激しいだろうし，レセプタクルによる雄数の制限がないシステム２では，雄同士の競争はそんなに強くないだろう．雄同士による競争の強さの違いが雌雄の幼生の最適なサイズを決め，それが性決定の違いを反映しているのではないだろうか．この仮説をモデルで説明していくことにしよう．

5.4 それぞれの性決定方式における幼生サイズの進化

遺伝性決定における最適幼生サイズ（システム1の場合）

フクロムシの幼生はえさを食べない．そもそも口がないのだ．受精卵の段階でもっていた卵黄栄養だけで生活するので，幼生が宿主や雌に定着するときのサイズは，誕生時に母親から与えられた資源の量で決まるだろう．つまり，母親は自分がもつ限りある資源を，雄幼生と雌幼生を作るために振り分けるのだが，その資源を使って雌雄でどんなサイズの卵を作るのかも母親自身が決めることができる．

ここからは記号がたくさん出てくるが，頑張ってついてきてほしい．雄幼生のサイズを x，雌幼生のサイズを y としよう．母親が子どもを作るために使える資源の量を ρ とし，雄幼生を作るために投資する資源の割合を r とする．雌幼生を作るために投資する資源の割合は，$1-r$ になる．よって，母親が雄幼生を作るのに投資する

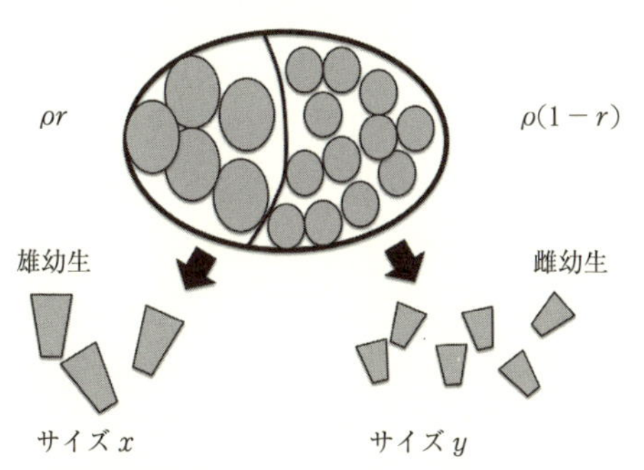

図5.4　母親の繁殖資源を雄幼生と雌幼生の生産にどう配分するか

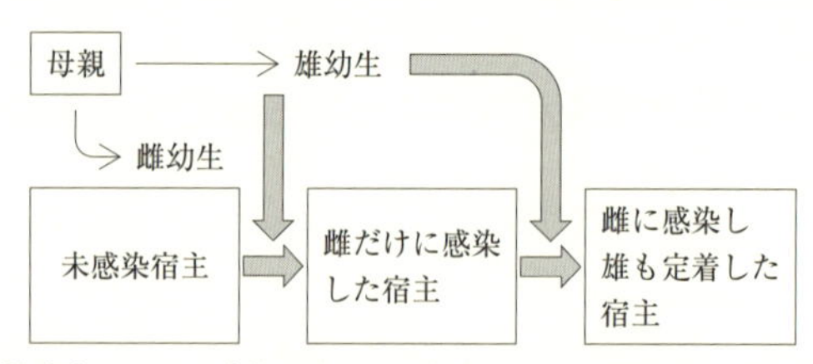

図 5.5　遺伝性決定における幼生が適切な宿主を見つけて繁殖成功を得るまでの概念図
雌幼生は未感染の宿主に定着することができる．雄幼生は，雌フクロムシが寄生した宿主にしか定着できない．

資源量は ρr となり，母親が作る雄幼生の数は $\rho r/x$ である．同様にして，雌幼生の数は $\rho(1-r)/y$ と表せる（図 5.4）．母親は，雄幼生を作るためにどれだけの資源を投資するか（その割合 r）と雄幼生のサイズ x，雌幼生のサイズ y の 3 つを選ぶのだ．

母親が雌雄の幼生を海中に放出した後，それぞれの幼生が自分に適した宿主を見つけて繁殖成功を収めるまでを考えてみよう（図 5.5）．母親は，大きな雄幼生と小さな雌幼生を作る．雌幼生は，他の雌フクロムシに感染していない宿主に出会うと，その宿主に寄生することができる．先に他の雌フクロムシが宿主にいれば，残念ながら寄生することはできない．雄幼生は雌フクロムシが寄生している宿主にのみ寄生することができる．そして，最終的に雌と雄の両方のフクロムシが寄生している宿主ができあがる．

母親の子どもである幼生が得られる繁殖成功を計算してみよう．まず，雄幼生 1 個体が繁殖するために必要な 3 つの要因を考える．1 つ目として，雄幼生は雌フクロムシが寄生した宿主に出会う必要がある．この確率を O_m とする．2 つ目の要因は，雌への定着をめぐる雄同士の競争に勝つ確率 S_m である．遺伝的性決定の種（システム 1）の場合，フクロムシの雌は雄を受け入れるためのポケット（レセプタクル）を 2 つしかもたないため，それをめぐる雄の競争は厳しいものになるだろう．この競争で有利になるのは，体のサイズが大きな雄と推測される．そこで，この競争に勝つ確率が雄幼生の体サイズ x に依存するとし，$S_m(x)$ と書く．最後の要因は，競争に勝った雄が得られる繁殖成功 R_m である．これらの 3 つの要因をかけ合わせたものが，雄幼生 1 個体の繁殖成功である．母親は $\rho r/x$ 個体の雄幼生を作るのだから，すべての雄幼生を通じての母親の繁殖成功は，$\rho r/x \cdot O_m \cdot S_m(x) \cdot R_m$ と書くことができる．同様にして，すべての雌幼生を通しての母親の繁殖成功も書いてみよう．1 個体の雌幼生の繁殖成功における 3 つの要因をそれぞれ，雌幼生が未感染宿主に出会う確率 O_f，未感染宿主への定着をめぐって雌同士の競争に勝つ確率 $S_f(y)$，競争に勝った雌が得られる繁殖成功 R_f とする．これらから，母親の適応度（雄幼生と雌幼生を通しての繁殖成功）$\phi_{GSD}(r, x, y)$ は，

$$\phi_{GSD}(r,x,y) = \left(\frac{\rho r}{x}\right)\cdot O_m \cdot S_m(x) \cdot R_m + \left(\frac{\rho(1-r)}{y}\right)\cdot O_f \cdot S_f(y) \cdot R_f$$

と表すことができる．母親の 3 つの戦略 (r, x, y) は母親自身の適応度を最大にするように進化する．その進化の最終状態において，母親が (r^*, x^*, y^*) という戦略を採用していたとしよう．すると，どの母親もこれ以外の戦略をとると不利になる，つまり適応度が下がることになる．このような状態のことを「進化的に安定な戦略」もしくは ESS (evolutionarily stable strategy) という．(r^*, x^*, y^*) では母親の適応度が最大になっているはずである．すると次の 2 つの関係が成り立っている．

(1) 個体群中のすべての母親がなす繁殖成功のうち，雄幼生を通じての繁殖成功と雌幼生を通じての繁殖成功とは，集団全体を合計したもので比べると等しくなる．なぜなら，すべての

子どもは1個体の母親と1個体の父親をもっているからである．

(2) 母親が雄幼生を作るために投資する資源の配分割合 r を最適に選ぶ計算をすると，第3章で性比が1対1になることを導いたのと全く同じようにして，$r = 0.5$ であることがわかる．つまり，雄幼生を作るのに使う資源の量と，雌幼生を作るのに使う資源の量が等しくなる．

以上の2つの関係を使って，母親の適応度 $\phi_{GSD}(r, x, y)$ を書き換えると，次のようになる．

$$\phi_{GSD}(r, x, y) = C \cdot \frac{1}{2}\left[\frac{\frac{1}{x}S_m(x)}{\frac{1}{x^*}S_m(x^*)} + \frac{\frac{1}{y}S_f(y)}{\frac{1}{y^*}S_f(y^*)}\right]$$

ここで，$C = \rho O_f R_f(1/y^*) S_f(y^*)$ である．母親の適応度 $\phi_{GSD}(r, x, y)$ を最大にする最適な幼生サイズ（x^*, y^*）は，適応度 ϕ_{GSD} を雌雄それぞれの幼生サイズで偏微分して，それらが0を満たす (x, y) で与えられる．つまり，$\partial\phi_{GSD}/\partial x = 0$ と $\partial\phi_{GSD}/\partial y = 0$ を解けばよい．もっと簡単にいえば，$S_m(x)/x$ および $S_f(y)/y$ を最大にする値である．

議論をさらにわかりやすくするため，雌への定着をめぐる雄同士の競争に勝つ確率 S_m と，カニへの定着をめぐって雌同士の競争に勝つ確率 S_f が，図5.6のようになっているとしよう．ある程度より小さなサイズの幼生は，そもそも幼生として最小限の機能が果たせないだろうから，競争に勝つ確率はごく小さい．その最小レベルを超えると急に大きくなるが，いくらでも大きければよいというものでもなく，競争に勝つ確率は大きなサイズでは飽和していくであろう．このような考察から，図5.6のようにS字型のカーブを描く

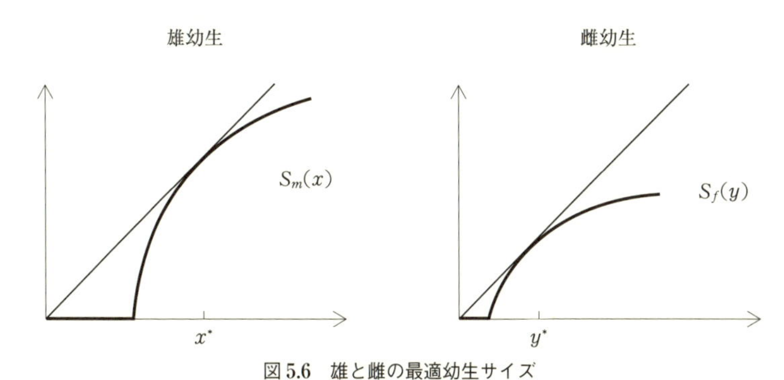

図 5.6　雄と雌の最適幼生サイズ

競争に勝つ確率 $S_m(x)$ および $S_f(y)$ の関数に対して，原点から接線を引く．接点の x 座標が最適幼生サイズである．Yamaguchi *et al.* (2014) より．

のはもっともらしい．

ここで母親の適応度が最大になるような幼生サイズの最適値 (x^*, y^*) は，$S_m(x)/x$ および $S_f(y)/y$ を最大にするが，それは原点から S_m と S_f の曲線に引いた接線の x 座標に等しくなる（図 5.6)．上記の 2 つの式の形は，母親がどれくらいのサイズの卵をいくつ産むのが最も有利かという問題に現れるものと同じ式である (Smith & Fretwell, 1974)．母親がもつ限られた繁殖資源を使って，小さな卵を膨大な数産むか（マンボウ型)，あるいは大きな卵を数個しか産まないのか（哺乳類・鳥類型)．子どもがこれから経験する環境条件の違いによって，どちらが有利になるかは変わってくるだろう．これについては Box 1 に紹介しているので，興味のある読者は読んでみてほしい．

さて，フクロムシの雄と雌幼生がそれぞれ同性個体間で定着する機会をめぐって闘い，その競争に勝つ確率 S_m と S_f によって，最適な幼生サイズが決まる．ここでは，それぞれの幼生が競争に勝つ確率 S_m と S_f の曲線を図 5.7 のようになるとしよう．図 5.7 は次の

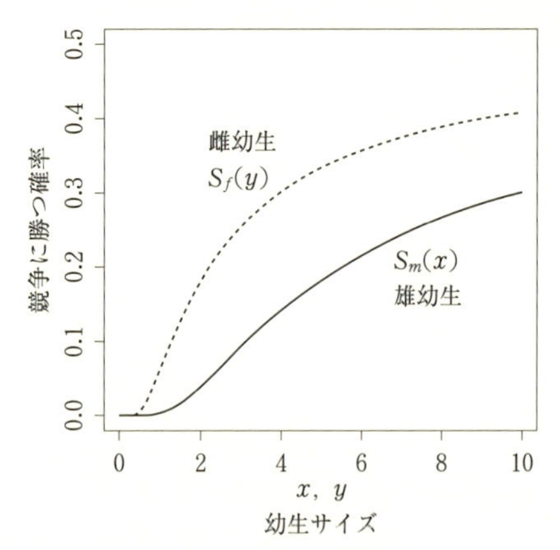

図 5.7　フクロムシの雄幼生と雌幼生が定着する機会をめぐって闘い，その競争に勝つ確率 S_m と S_f

小さすぎる幼生は，そもそも幼生として最小限の機能が果たせないと考えられ，競争に勝つ確率はごく小さい．ある程度の幼生サイズの場合，競争に勝つ確率は急に大きくなるが，サイズはいくらでも大きければよいというものでもない．大きな幼生サイズでは，競争に勝つ確率は飽和していくだろう．Yamaguchi *et al*. (2014) より．

ような式で表すことができる．

$$\text{サイズ } x \text{ の雄幼生が競争に勝つ確率：} S_m(x) = S_{m0} \exp\left[-\frac{a_m}{x}\right]$$
$$\text{サイズ } y \text{ の雌幼生が競争に勝つ確率：} S_f(y) = S_{f0} \exp\left[-\frac{a_f}{y}\right]$$

ここで，S_{m0} と S_{f0} はとても大きい幼生が競争に勝つ確率（最大勝率）を表している．また a_m と a_f は，雄あるいは雌幼生同士の競争の強さを表している．雌幼生は，それほど大きくなくてもカニに定着できるチャンスがあるが，雄の場合は雌フクロムシをめぐって競争が激しく，より大きな雄が競争に勝ちやすいとしており，$a_m > a_f$ である．これら 2 つの曲線を使って最適な幼生サイズを決めると，実にきれいな結果が得られる．

$$最適幼生サイズ：雄幼生\ x^* = a_m,\ 雌幼生\ y^* = a_f$$

つまり，今回使ったS_mとS_fの曲線においては，最適幼生サイズはそれぞれの性における幼生間の競争の強さと一致するのだ．雄幼生間の競争の強さのほうが雌幼生の場合よりも大きいとしているので（$a_m > a_f$），最適なサイズは雄幼生のほうが雌幼生よりも大きくなっている．

Box 1　どれくらいのサイズの卵をいくつ産めばよいか

栄養がたくさん詰まった大きい卵をたくさん産むに越したことはないが，母親がもつ繁殖資源には限りがある．そこで，どれくらいの大きさの卵を，いくつ産むのかという問題が生じる．産卵後，親による卵の保護があったり捕食者がいなかったりなど，多くの卵が無事に育つなら，たくさんの卵を生むのがよいだろう．しかし先ほど述べたように，繁殖資源は無限にあるものではないので，たくさん卵を作るとそれぞれの卵のサイズは小さくなる．一方で環境が悪く，子どもが生き残れる確率をできるだけ高めたい場合は，大きな卵を作って子ができるだけ早く成長できるようにするほうがいいだろう．しかしそうすると，母親が作ることができる卵の数は少なくなってしまう．このように，大卵少産か小卵多産か，母親の戦略のどちらが有利になるかは，子どもが経験する環境の違いに依存する．

そこで，子どもが生き残れる確率によって母親の戦略が異なることを数理モデルで説明してみよう．子どもの生存率は，卵サイズが大きいほど高くなるとして，卵サイズをx，子どもの生存率を$S(x)$と書くことにする．また卵の数は，母親がもつ資源の量をρとしたとき，1個の卵サイズxで割ったもので計算できる．母親が産んだ卵が無事に孵って生き残った子どもの数が，母親の繁殖成功になる．このことを，x，$S(x)$，ρの3つを使って表すと，

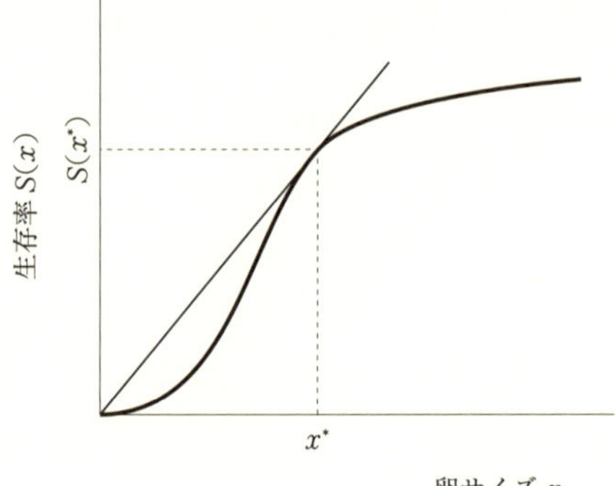

$$母親の繁殖成功：\phi = \frac{\rho}{x} \cdot S(x)$$

である．繁殖成功 ϕ が最大になるような卵サイズ x を求めるには，$d\phi/dx = 0$ を計算することで得られる．最適卵サイズ x^* は，

$$\frac{dS(x^*)}{dx} = \frac{S(x^*)}{x^*}$$

を満たしている．遺伝性決定フクロムシの雄・雌幼生の最適サイズを求める式は，まさにこの式と一致しているのだ．$S(x)$ の曲線の式が与えられれば，最適値 x^* を具体的に求めることができる．

直感的には最適卵サイズ x^* がどうなるかは，母親の繁殖成功 ϕ の式を見ればわかる．$S(x)/x$ は原点から $S(x)$ 上の点に直線を引いたときの傾きになっているので，この傾きが最大になるのは，原点から関数 $S(x)$ に対して接線を引いたときである．つまり，接点の x 座標が最適卵サイズになるのだ．

卵サイズ x が小さくても，子どもの生存率 $S(x)$ がそこそこ高い場合は最適卵サイズは小さくなるため，卵の数は多くなる．逆に，大きな卵を産まないと，子の生存率がとても低くなってしまう場合には，卵の数が少なくなる．

環境性決定における最適幼生サイズ（システム 2 の場合）

環境性決定の種の場合，雄幼生と雌幼生の形態およびサイズに性的二型がない．母親は 1 つのタイプの幼生を作ればよく，さらに幼生は出会った宿主の状態に応じて，自らの性を選ぶことができる．つまり，未感染の宿主に出会った幼生は雌になるし，雌フクロムシがすでに寄生した宿主に出会えば雄になる（図 5.8）．環境性決定では，幼生は雄としても雌としても繁殖機会を逃さないという利点があるのだ．しかし，環境性決定ならではの不利な点もある．たとえば遺伝性決定のように，雌雄で最適サイズが異なるほうが有利な場合であっても，環境性決定の幼生は全員共通の体サイズを使わなければならない．また，宿主に出会ってから自らの性を決めるということは，性の分化にかかる時間だけライバルに出遅れてしまう可能性がある．他の幼生の性がすでに決まっている場合，自分が性を分化させている間に宿主への定着の機会をそのライバルに奪われてしまうのである．つまり環境性決定では，性を自分の都合のよいようにあわせることのコストを支払っているのだ．

以上の性の可塑性のコストを考慮に入れた上で，遺伝的性決定の場合と同様に母親の適応度を書いてみよう．幼生サイズは雌雄共通で z とおくと，

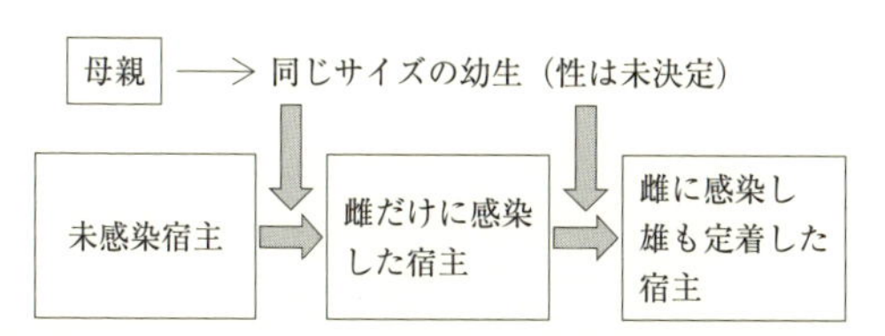

図 5.8　環境性決定における幼生が，適切な宿主を見つけ繁殖成功を得るまでの概念図
幼生の段階では性が決まっていないので，幼生が未感染の宿主に出会うと雌になり，雌フクロムシが寄生した宿主に出会うと，雄になる．

$$\phi_{ESD}(z) = \frac{\rho}{z}(\tilde{O}_m S_m(z)\tilde{R}_m + \tilde{O}_f S_f(z)\tilde{R}_f)(1-d)$$

と書くことができる．ここで，$(1-d)$ は性の可塑性をもつことによるコストを表している．コストは具体的にいうと，性の分化に必要な時間やエネルギーに加えて，出遅れることの損失も含まれている．幼生が未感染宿主に出会う確率を $\tilde{O}_f$，雌フクロムシに感染した宿主に出会う確率を $\tilde{O}_m$ としている．また，雌になったときに得られる繁殖成功を $\tilde{R}_f$，雄になったときに得られる繁殖成功を $\tilde{R}_m$ とした．幼生が競争に勝って宿主に定着できる確率は，雄と雌でそれぞれ S_m, S_f とし，雌雄共通の体サイズ z に依存するだけでなく，遺伝的性決定の場合と同じ関数形を使うことにする．母親の戦略は幼生サイズ z のみであり，z は母親の適応度を最大にするよう進化する．母親の適応度を最大にする戦略を z^* と書くことにしよう．

環境性決定の種においても，個体群中のすべての母親が戦略 z^* をとっているとき，すべての雄幼生を通しての繁殖成功とすべての雌幼生を通しての繁殖成功は等しくなる．このことを用いて，母親の適応度を書き直すと，次のような式が得られる．

$$\phi_{ESD}(z) = \tilde{C}\left[\frac{\frac{1}{z}S_m(z)}{\frac{1}{z^*}S_m(z^*)} + \frac{\frac{1}{z}S_f(z)}{\frac{1}{z^*}S_f(z^*)}\right](1-d)$$

ここで，$\tilde{C} = \rho\tilde{O}_f\tilde{R}_f(1/z^*)S_f(z^*)$ である．母親の適応度 $\phi_{ESD}(z)$ を最大にする最適な幼生サイズ z^* は，適応度 ϕ_{ESD} を幼生サイズ z で偏微分して，それらが0を満たす z で与えられる．つまり，$\partial\phi_{ESD}/\partial z = 0$ を解けばよい．これを計算すると，$S_m(z)$ と $S_f(z)$ の相乗平均である $\sqrt{S_m(z)S_f(z)}$ という関数を使って $\sqrt{S_m(z)S_f(z)}/z$ を最大にする値を求めれば，それが環境性決定の種における進化すべき幼生サイズであることがわかる．

遺伝性決定の場合に用いた，雄および雌幼生が競争に勝つ確率 S_m と S_f の式をここでもそのまま使い，環境性決定における最適な幼生サイズを頑張って計算すると，

$$\text{最適な幼生サイズ：} z^* = \frac{a_m + a_f}{2}$$

が得られる．遺伝性決定のときの幼生サイズの最適値は，雄幼生では $x^* = a_m$，雌幼生では $y^* = a_f$ だったので，環境性決定するフクロムシの幼生サイズは，遺伝性決定するフクロムシの雌雄幼生サイズのちょうど中間になることがわかる．

5.5 遺伝性決定と環境性決定，どちらが進化するか

フクロムシには2つの性決定様式があり，それぞれどのような環境条件のときに有利になるのだろうか．式の展開はここでは書かないが，以下のようなことを考えてみよう．

いま，遺伝性決定タイプのフクロムシと環境性決定タイプのフクロムシが，別々に繁殖集団を作っているとしよう．それぞれの集団において，幼生サイズは最適値をとっているとする．つまり，遺伝性決定タイプの集団なら雄幼生は $x^* = a_m$，雌幼生は $y^* = a_f$ というサイズになっている．環境性決定タイプなら1つの幼生サイズだけをもち，$z^* = (a_m + a_f)/2$ である．

ここで，それぞれの集団に，自分たちとは異なるタイプのフクロムシが現れたとしよう．これを突然変異個体とよぶことにする．突然変異個体の繁殖成功が集団中の個体よりも高ければ，突然変異タイプは徐々に集団中に増えていき，いずれは集団の個体の戦略は突然変異タイプに置き換わってしまうだろう．しかし，突然変異個体よりも，もともと集団にいたタイプの個体の繁殖成功のほうが高ければ，突然変異個体は集団で広がることができず，追い出されてし

まう．この場合は，もともといたタイプが安定的に集団に存在することを意味している．つまり進化的に安定な状態である．この条件を探ることで，どのような環境条件のときにどちらの性決定様式が進化するかを示すことができる．

進化的に安定な状態として，次の 3 つが考えられる．

(1) 遺伝性決定タイプの集団には，環境性決定タイプが増えることができない（遺伝性決定タイプが進化的に安定）．
(2) 環境性決定タイプの集団には，遺伝性決定タイプが増えることができない（環境性決定タイプが進化的に安定）．
(3) 遺伝性決定タイプが，環境性決定タイプの集団で増えることができるし，環境性決定タイプが，遺伝性決定タイプの集団で増えることができる（遺伝性決定と環境性決定が共存する）．

この 3 つの進化的に安定な状態は，雄幼生間の競争の強さ a_m というパラメータの値によって現れる領域が異なる．それを図 5.9 に示した．

図 5.9 において，横軸は雄幼生間の競争の強さ a_m を，縦軸は最適な幼生サイズを表している．雄幼生間の競争の強さ a_m が変化するので，遺伝性決定タイプの雄幼生最適サイズは a_m の値にあわせて変わる．今回は，雌幼生間の競争の強さ a_f を 2 に固定しているので，遺伝性決定タイプの雌幼生サイズ y^* は 2 である．

雄幼生間の競争の強さ a_m が小さいとき，すなわち最適幼生サイズの雌雄差が小さいとき（a_m と a_f の値の差が小さい）は，環境性決定タイプが進化的に安定になる．これは，雌雄のサイズ差が小さいので，別々の大きさの卵をわざわざ作る手間をかけるよりは，1 つのサイズにすることで幼生の定着および繁殖機会を逃さないとい

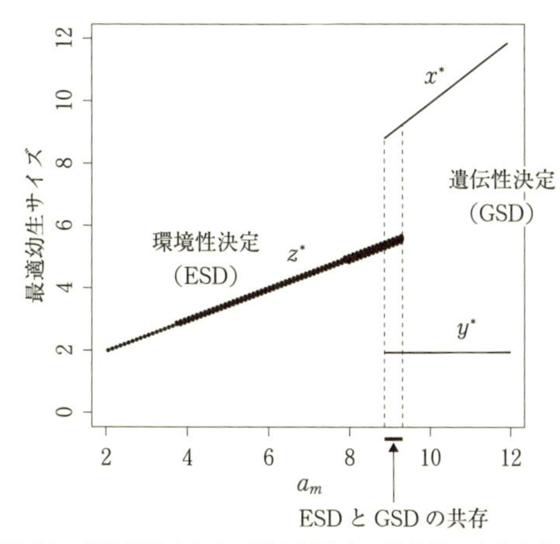

図 5.9　環境性決定および遺伝性決定の進化的に安定な状態

雄幼生間の競争の強さ a_m というパラメータの値によって，3 つの安定な状態が現れる．Yamaguchi *et al*. (2014) より．

う環境性決定の有利さがはたらくためである．

一方，雄幼生間の競争の強さ a_m が大きくなると（a_m と a_f の値の差が大きい），遺伝性決定タイプが進化する．なぜなら，1 つの幼生サイズで対応する環境性決定タイプでは，たとえば雄として定着をめぐる競争に参加しようとしても，遺伝的性決定タイプの雄幼生よりもサイズが小さいので，競争に負ける可能性が高いからである．また，環境性決定のデメリットである性分化の時間的遅れによって，遺伝性決定タイプの幼生に定着機会を出し抜かれてしまうだろう．幼生間競争の強さの雌雄差が明らかに大きい場合は，受精卵の段階で性が決まっている遺伝性決定タイプが適応的なのである．

最後に，面白いことに狭い領域ではあるが，環境性決定タイプと遺伝性決定タイプが共存することがある．2 つのタイプが共存するフクロムシの種はいまのところ知られていないが，フクロムシのすべての種について性決定様式および卵のサイズを詳しく調べていくと，もしかしたらこのタイプが見つかるかもしれない．共同研究者のヘーグ教授も，この結果は面白いといってくれ，フクロムシ研究のさらなる発展を望んでいる．

5.6 フクロムシ研究から見えてくること

雌がレセプタクルを作ることで雄を 2 個体しか受け入れない場合には，雄幼生の間で雌への寄生をめぐる激しい競争が生じるだろう．雄が競争に勝つためには，体サイズが大きいほうが有利であると考えられ，雄幼生の最適サイズは雌幼生よりも大きくなるだろう．よって，幼生の性的二型が生じ，受精卵の段階で性決定がなされる遺伝的性決定が進化する．これがシステム 1 である．

一方，レセプタクルを作らないタイプの雌はたくさんの雄を受け入れるので，雄間競争はシステム 1 に比べるとはるかに弱いと考えられる．すると，幼生サイズの性差は小さくなるだろう．さらには，全く性差がなくなり，幼生はすべて同じサイズになるだろう．この場合，性の分化にかかるコストよりも，性を自由に選べるという可塑性の利益が大きく，環境性決定が進化する．こちらのタイプはシステム 2 になる．

ところで，これまでの議論では，雌にはレセプタクルを作る種と作らない種がいるという事実だけを述べてきたが，雌がレセプタクルを作るのはどんなときだろうか．それぞれの種の傾向はおおまかではあるが，わかっている．レセプタクルを作るシステム 1 では，雌は長生きし，中には 10 年くらい生きるものもいる．一方で，レセプタクルを作らないシステム 2 では，雌の寿命は短く，1 ヶ月くらいのもいるという．雌にとって，雄を受け入れるための特別な構造を作ることはコストになっているが，レセプタクルを長く維持できるほど長命ならば確実に雄を受け入れられるので，レセプタクルを作る利益が大きいのだろう．しかし，短い寿命の雌にとっては，雄用の特別な構造物を作るのはコストが大きすぎるのかもしれない．

この章では，2つの性決定と幼生の性的二型の進化を説明するための究極要因として，雌への寄生をめぐる雄の競争の強さを考えた．これまでに，この雄間競争の強さを測った野外・実験室内調査データはまだ存在せず，今後の調査が待たれる．しかし，数理モデルによって興味深い生命現象を説明する環境要因を提唱できるかもしれない．それにより，これから実験や野外調査などで，理論の予測を検証してみたいと思う人が現れることを期待している．ちなみにフクロムシの繁殖システムは，ヘーグ教授によればもっと細かく分けると6つくらいに分類できるそうで，非常に多様で興味深い現象をもっているといえる．フクロムシは既存の理論研究を検証できるような現象をもち合わせていて，私たちがそれに気づくのを待っているのかもしれない．

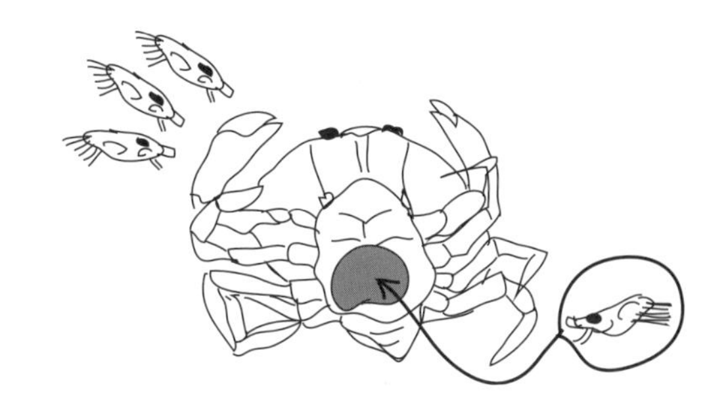

海洋生物における雌雄性の進化ゲーム

6.1 雌雄の体の大きさの不思議

個体ごとに雄か雌かに分かれている雌雄異体の動物で雄と雌とを比べると，同じ種であるのにもかかわらず，体の大きさが著しく異なる場合がある．陸上の大型動物の場合には，雄の体のほうが雌よりも大きい傾向がある．これは，雌との交尾の機会をめぐって雄同士が闘うので，体の大きい雄のほうが闘争に有利になるためと説明できる（詳しくはBox 2を見てみよう）．しかし多くの昆虫のように，小型動物は，雌のほうが雄よりも体が大きい．大きな体の雌がより多数の卵を産めるからである．これに対して雄は，雌にアクセスできて受け入れてもらえれば体が小さくても十分に機能できる．

一方で海洋動物，その中でも特に無脊椎動物の場合は，雄のほうが雌や雌雄同体よりも体の大きさが非常に小さくなることがよく見られる．このように同種の異性に比べて，著しく体が小さい雄を矮雄（わいゆう）とよぶ．第2章でお話しした有柄フジツボがそ

Box 2　体の大きさの雌雄差と配偶システム

同じ種の雄と雌が，生殖器以外で顕著に異なる外部構造（外的形質）をもつことを性的二型とよぶ．雌雄における体の大きさの違いは，性的二型のわかりやすい例である．

哺乳類などの多くの動物では，雌雄の体の大きさの違いは，配偶システムと関係していることがわかっている．たとえば，一夫多妻や少数の雄が多数の雌を独占的に交配できるシステム（ハレム型）では，雄の体は雌よりもはるかに大きくなる．なぜなら，1 個体の雄が複数の雌を占有するには，雌をめぐって雄同士の闘争が非常に強くなるからで，体の大きい雄が闘争に勝ちやすいためである．ミナミゾウアザラシというとても大きな動物がいるが，雄は体長が 6 m，体重は 4 t にもなるという．体の大きな強い雄はハレムを作って，数十頭の雌と交尾をし，妊娠させる．小さな雄は，とてもではないが繁殖機会に入り込む隙はなさそうだ．ちなみに，つい最近までこのミナミゾウアザラシは日本では新江ノ島水族館（神奈川県）と二見シーパラダイス（三重県）で飼育されていたが，残念ながら 2 館の飼育個体は死亡してしまった．私は生存中の個体を各館で見たことがあり，その大きさに驚いた記憶がある．魚類においても，ハレム型配偶システムがあることを第 4 章の性転換する魚で述べた（図 a）．もちろんこの場合は，性転換後の雄個体は雌よりも大きな体をもっている．

さて一方で，一夫一妻や乱婚といった配偶システムでは，雌との交尾をめぐる雄同士の競争がそこまで強くないことは想像できるだろう．そうすると，雄の体はそれほど大きくなる必要がないので，体の大きさの雌雄差はあまりない（図 b）．ヒトでは，集団によって一夫一妻や一夫多妻など文化的な違いがあるが，男性の体の大きさはおよそ女性の 1.1 倍程度ということが知られている．このことから，ヒトの場合は一夫多妻よりも一夫一妻の配偶システムに近いといえるだろう．しかし，実際のヒトの配偶システムを調べた研究では，一夫多妻の集団のほうが多いらしく，興味深い問題である．詳しくは『進化と人間行動』

（長谷川・長谷川，2000）を参照してほしい．

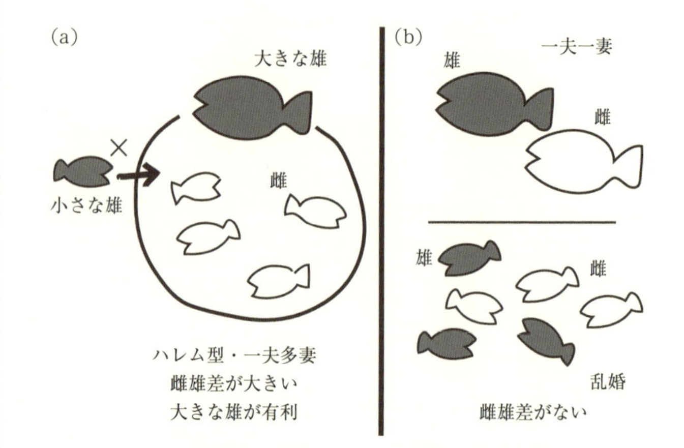

図　雄と雌の体サイズ差がもたらす配偶システムの違い

(a) 雌雄差が大きい場合．大きな雄がたくさんの雌を独占する．(b) 雌雄差があまりない場合．雌との交尾をめぐる雄同士の競争は，(a) に比べるとはるかに弱い．

の例である．その他にも，寄生性の二枚貝 (Turner & Yakovlev, 1983) やボネリムシ，オセダックス（第 5 章参照）などで，矮雄が見られる．海洋脊椎動物では，有名な例として魚類のチョウチンアンコウの仲間が挙げられる (Pietsch, 2005)．チョウチンアンコウ類の雄は，雌を見つけると雌のおなかに嚙み付き，そのまま一生離れなくなる．雌は数十 cm にまで成長するが，雄は体長が 2 cm くらいである（図 6.1)．

面白いことに，陸上生物のクモで矮雄をもつ種がある．たとえば，外来種として有名な毒グモのセアカゴケグモの雄も矮雄である．雌は体長が 1 cm くらいであるが，雄は 3～5 mm ととても小さい上に，成体の雌がもつ背中の赤い模様が見られない．一度大阪市

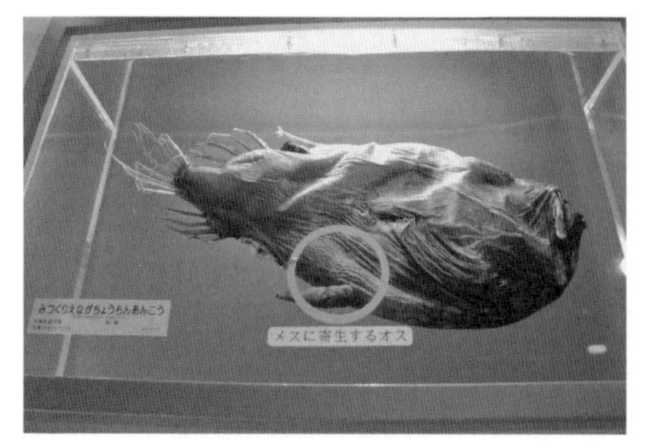

図 6.1　ミツクリエナガチョウチンアンコウの雌と矮雄
雄が雌のおなかにくっついている．東海大学海洋科学博物館で収蔵展示．

立自然史博物館のイベント「セアカゴケグモを探しに行こう」で採集に参加したことがあるが，雄は見つけられなかった．クモの場合は，雄も雌のように自由に動き回ることができるので，見つけることが難しいのだ．クモ以外の生物例では，矮雄はたいてい雌や雌雄同体などの異性の体にくっついて生活している．

6.2 矮雄がなぜ進化できたのか

矮雄は先に述べたようにさまざまな種で見られるのに，「どうしてそんなにも極端に雄が小さくならなければいけないのか」について，答えをきちんと出せていないのは不思議なことである．だからこそ，進化生物学者にとって魅力的な研究テーマなのであり，私自身も矮雄研究に魅了されたひとりである．

矮雄をもつ生物の代表例として，ここでもフジツボ類を取り上げよう．私の研究対象生物として長年つき合ってきたフジツボなので，思い入れが大きいのだ．フジツボ類は，第 2 章で紹介したように，多様な性システムをもつ生物である．基本は同時的雌雄同体であるが，同時的雌雄同体に矮雄がつくものや，雌に矮雄がつくものもいる．フジツボは自家受精をしないので，繁殖行動において，同時的雌雄同体同士，または雌と矮雄は，お互いに必要とし合っている．しかし，同時的雌雄同体と矮雄が卵の受精をめぐって競争する場合，矮雄には繁殖成功の勝ち目がないような気がするのだ．なぜなら，同時的雌雄同体は周りの雌雄同体と交尾ができるし，体も矮雄に比べるとはるかに大きいので，精子量は圧倒的に雌雄同体のほうが多い．矮雄が雌雄同体に並ぶくらいの繁殖成功を収めていない限り，矮雄という生き方は集団中に広がることができないはずである．矮雄には高い繁殖成功を収めるための秘策があるに違いない．それは，大きな異性の体にくっつくことで，繁殖活動の際に精子を異性が作る卵に届けやすいなどのメリットがあるのだろうと考えられている (Ghiselin, 1974).

ところで，矮雄をもつ生物は他の動物に共生（あるいは寄生）している種に多い．フジツボの場合はウニやカニ，カメなどに付着している種（図 6.2）もあれば，海で浮遊しているゴミや流木などにくっついている種もある．カニの甲羅に定着する種は，カニが脱皮してしまったり，カニ自身が死亡してしまったりしたら生きていけない．このように，時間の経過によって消え去る可能性が高い生息地にくっついてしまう生物は，生息地の存続時間を鑑みて生活史や性システムをうまく選んだ結果，矮雄が集団中に出現するのを可能にしているのかもしれない．

そこで，矮雄をもつ海洋生物において，「異常に小さな雄が進化で排除されずにいつまでも集団中のある割合を占められるのはなぜか？」また「多様な性システムはどうしてもたらされるのか」，この 2 つの問いを数理モデルで明らかにしていこう．

(a)

(b)

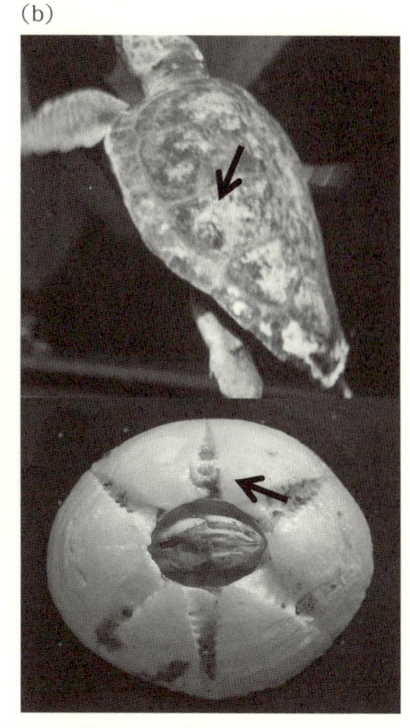

図 6.2 他の生物の上に付着するフジツボ

(a) クサズリウニエボシ．ウニの棘の上に定着するフジツボである．(b) カメフジツボ．ウミガメの甲羅の上に定着するフジツボである．(b) の上の写真は，海遊館にて撮影．下の写真では，矢印の部分に矮雄がいる．林亮太博士の標本を撮影．

6.3 雌雄をめぐる進化ゲーム

カニの甲羅や流木などの一時的な生息地の上にいる海洋生物を考えてみよう．新しい幼生は一定の割合で入ってきて，変態後に生息地に定着するとする．図 6.3 を見てほしい．生息地の上に直接定着した個体は，まずは未成熟個体になり，成長して大型個体になるまで繁殖できないとしよう．生息地上の大型同種個体にくっついた個体は，矮雄となりすぐに繁殖できるとする．矮雄になった個体は成

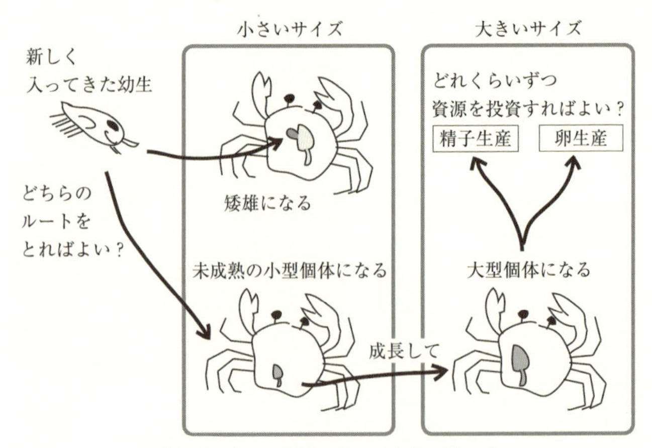

図 6.3　カニの甲羅にやってきたフジツボ

新しい幼生は次々一定の割合でやってきて，変態後に定着するとしよう．カニの甲羅に付着している大型個体にくっついた個体は矮雄となって，すぐに繁殖できる．カニの甲羅に直接くっついた個体は，まずは未成熟個体として過ごし，成長に専念する．その後，大型個体となって繁殖できるようになる．雄機能と雌機能にどれだけずつ繁殖資源を投資すればよいかという問題は，大型個体の繁殖成功を考える上で大事である．

長せず，そのまま一生を他個体上で過ごす．新しく生息地にやってきた幼生は，矮雄となるのか，もしくはまずは未成熟で成長を目指すのかを選択できるのだ．後者を選んだ場合は，のちに大型個体になり，雄としての繁殖機能（精子を作って他個体を受精させる）と雌としての繁殖機能（自ら卵を作る）に資源を投資することができる．すなわち，新規加入幼生は 2 つの戦略をもっており，小型未成熟個体になる割合と大型個体になったときの性配分が適応的に進化するのだ．

ゲームとは何か

ここで注意してほしいのは，幼生が次々とカニの甲羅にやってきたときに，各幼生が「成長するか」あるいは「矮雄としての繁殖を選ぶか」，また成長後大型個体となり「雌機能に投資するか」あるいは「雄機能に投資するか」を考えるにあたって，自分以外の他個体の戦略の影響を受ける上，自分の戦略も他個体の戦略に影響を与えているということである（図 6.4）．つまり，自分にとっての最適な戦略が，他個体の行動によって変わるし，他個体も自分やそれ以外の個体の行動を見て最適な戦略を決めるようになる．このように，それぞれの個体が互いの行動を見て適応的に行動をするとき，最終的に得られる結果として最適戦略を求めることを，「ゲームモデル」とよぶ．

第 3 章で紹介した性比の進化も，ゲーム理論なのだ．母親にとっ

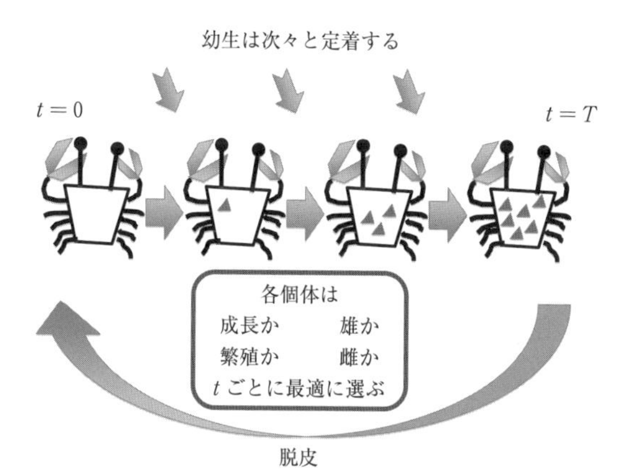

図 6.4　カニの上のフジツボが選ぶ戦略

自分以外の幼生が選ぶ戦略によって，自分の戦略は影響を受け，また自分の戦略が他個体の戦略にも影響を与える．この状況をゲームという．九州大学の巌佐庸教授による作画．

て雄を産むことの利得は，集団に雌が多くて雄が少ないときには，大きくなるということであった．そうならば，他の母親が雄をより多く産むときには自分は雌を産むことが有利になり，逆に他の母親が雌を多く産むときには自分は雄を産むことが有利になる．その結果，1 対 1 の性比が進化するのである．これは，母親がプレイヤーで，自分の利得，つまり子どもの残し方を最大にするという場合に，雄を産む，雌を産むということの間で，より有利なほうを選択するという状況になっている．そして両者の有利さは，他のプレイヤー（母親）の行動によって変化するのだ．これがまさにゲームモデルなのである．

以下では，性比の話ではなく，矮雄を作るかどうか，といったことについてのゲームを紹介しよう．

矮雄はどんな条件で現れるのか

ゲームモデルの展開として，矮雄が出現するのはどんなときかを計算してみよう．簡単なケースとして，3 つのタイプの個体数がずっと変わらず，幼生の戦略も時間依存しない場合を考えよう（幼生の戦略が時間依存する場合については後で説明する）．また，このとき生息地は長寿命で安定的にあるとする．この場合に，矮雄は繁殖集団に出現するだろうか．

新しく入ってきた幼生が，「未成熟個体ルートか」あるいは「矮雄ルートか」という選択をするにあたって必要になる情報は，それぞれのルートを選んだ場合に得られる生涯の繁殖成功の期待値である．各ルートで期待できる繁殖成功を比較して，より大きい成功が得られるルートを幼生は選ぶはずだと考えられる．矮雄ルートの生涯繁殖成功の期待値を V_D，未成熟個体ルートの期待値を V_U と書くことにしよう．すると，次のような関係が得られる．

$V_D > V_U$ ならば，すべての幼生が矮雄になる．

$V_D < V_U$ ならば，すべての幼生が未成熟個体になる．

$V_D = V_U$ ならば，ある割合の幼生は矮雄になり，
残りは未成熟個体になる．

ここで，それぞれのルートの繁殖成功の期待値 V_D，V_U を具体的に書いてみよう．まず矮雄になった場合，大型個体が作る卵を自分の精子でどれだけ受精させることができるかで繁殖成功が決まる．もちろん，途中で矮雄自身が死んでしまわないことが前提である．

（矮雄の繁殖成功 V_D）＝Σ［（矮雄の生存率）
×（大型個体全体が1日に作る卵の数）
×（矮雄の精子で受精できる卵の割合）］

Σは［…］の中身を生息地の寿命がくるまでの間，全部足し合わせることを表している．「矮雄の生存率」は，1日当たりの死亡率で決まる．矮雄は自身の死亡率 u だけでなく，生息地が消失する確率 μ もあわせてこうむる．なぜなら，生息地であるカニが脱皮したり死亡したりしてしまったら，矮雄自身が生きていけなくなるからである．よって，矮雄の正味の死亡率は $u+\mu$ となり，この和を使って，生存率が計算できる．「大型個体全体が1日に作る卵の数」は，大型個体1個体が1日に作る卵の数を大型個体数 $\hat{H}$ でかけたものである．1個体当たりの繁殖資源の量を R，雄機能へ投資する資源割合を m^* とすると，1個体が作れる卵の数は，$(1-m^*)R$ で表すことができる．よって，大型個体全体の生産卵数は，

（大型個体全体が1日に作る卵の数）＝$(1-m^*)R\cdot\hat{H}$

となる．ここで，大型個体の戦略である m^* はすでに進化的に安定

な値をとっていることに注意しよう．最後の要素「矮雄の精子で受精できる卵の割合」は，卵の受精にかかわるメンバー全員分の精子量に対して，自分の精子量はどれくらいあるか，で計算できる．ただし，大型個体の繁殖資源 R に対し，矮雄は体が小さいので資源量もその分小さいはずである．大型個体に比べて α 倍 $(\alpha < 1)$ の資源を矮雄がもっているとしよう．この α というパラメータを「矮雄の相対繁殖力」とよぶことにする．矮雄1個体当たりの精子量は αR なので，矮雄が全部で $\hat{D}$ 個体いれば，矮雄全個体の精子量は $\alpha R \cdot \hat{D}$ である．

$$(\text{矮雄 1 個体の精子で受精できる卵の割合}) = \frac{\alpha R}{\alpha R \cdot \hat{D} + m^* R \cdot \hat{H}} = \frac{\alpha}{\alpha \hat{D} + m^* \hat{H}}$$

ここで，1日当たりの矮雄の繁殖成功を ϕ_D としよう．ϕ_D はこれまでの計算で簡単に求めることができる．ϕ_D は，矮雄が繁殖のたびにどれだけ卵を受精させるかで決まるもので，

$$\begin{aligned}&(\underline{\text{1 日当たりの}}\text{矮雄の繁殖成功 } \phi_D)\\&= (\text{大型個体全体が 1 日に作る卵の数})\\&\quad \times (\text{矮雄の精子で受精できる卵の割合})\\&= (1 - m^*) R \cdot \hat{H} \times \frac{\alpha}{\alpha \hat{D} + m^* \hat{H}}\end{aligned}$$

である．ϕ_D を使って，矮雄の繁殖成功 V_D を書き換えることができる．

$$\begin{aligned}(\text{矮雄の繁殖成功 } V_D) = \Sigma\ [&(\text{その日までの矮雄の生存率})\\&\times (\text{1 日当たりの矮雄の繁殖成功 } \phi_D)]\end{aligned}$$

矮雄の繁殖成功と同じようにして，未成熟個体ルートの繁殖成功

の期待値 V_U を言葉で書いてみる．このルートの場合，成長して大型個体にならないと繁殖できないので，それまで生き残っている必要がある．

（未成熟個体の繁殖成功 V_U）
＝Σ［（未成熟個体の生存率）
×（未成熟個体から大型個体になる確率）
×（大型個体になってからの繁殖成功）］

Σは［…］の中身を生息地の寿命がくるまでの間，全部足し合わせることを表している．「未成熟個体の生存率」についても，未成熟個体自身の死亡率 u と生息地が消失する確率 μ の和を使って求めることができる．「未成熟個体から大型個体になる確率」を考えるにあたって，今回は簡単のため，未成熟の小型個体は成長率 g をもって，ぴょんとジャンプして大型個体になるとしよう．

最後の項目「大型個体になってからの繁殖成功」を V_H と書くことにする．

（大型個体の繁殖成功 V_H）
＝Σ［（大型個体の生存率）×
｛（自分が 1 日に作る卵の数）
＋（自分の精子で 1 日に受精できる卵の数）｝］

同様に，Σは［…］の中身を生息地の寿命がくるまでの間，全部足し合わせることを表している．「大型個体の生存率」も矮雄や未成熟個体のときと同様に，大型個体自身の死亡率 u と生息地の消失率の和 μ によって決まる．

ところで，いま着目している大型個体の 1 日当たりの繁殖成功 ϕ_H は，周りの大型個体が戦略 m^* をとっている中で，自分自身の戦略 m を最適に選ぶことで得られる．その結果，誰にとっても損がなく，誰もが最高の繁殖成功を得ることができる戦略が選び出される．

(大型個体の 1 日当たりの繁殖成功 ϕ_H)

$=$ max [(自分自身が 1 日に作る卵の数)

$+$ (自分の精子で 1 日に受精できる卵の数)]

$$= \max_{0\leq m\leq 1}\left[(1-m)R+(1-m^*)R\cdot\widehat{H}\times\frac{mR}{\alpha R\cdot\widehat{D}+m^*R\cdot\widehat{H}}\right]$$

数学記号 max は［…］の中身を最大にするような戦略 m を選ぶということを表している．大型個体の性配分 m を最適に選んだ結果，進化的に安定な性配分 m^* は次のように書くことができる（最適解を求めるには，［…］の中身を m で偏微分し，その導関数 =0 を出した後，$m=m^*$ とおけばよい．ただし，0 や 1 のように端の値が最適になることもあるので注意）．

$$\alpha\widehat{D}<\widehat{H}\ \text{ならば，}\ m^*=\frac{1}{2}-\frac{\alpha\widehat{D}}{2\widehat{H}}$$

$$\alpha\widehat{D}>\widehat{H}\ \text{ならば，}\ m^*=0$$

このことから，大型個体の性は，同時的雌雄同体もしくは雌になることがわかる．大型個体が雌雄同体のときは，性配分が矮雄の個体数 $\widehat{D}$ および大型個体の個体数 $\widehat{H}$ に応じて変わることに注意しよう．

個体群の進化的に安定な状態は，実は 4 つのパラメータの大小関係によって決まる．その 4 つとは，矮雄の相対繁殖力 α，未成熟個

体の成長率 g，個体の死亡率 u（矮雄，未成熟個体，大型個体の死亡率はすべて同じとしている），そして生息地の消失率 μ である．

(1) $\alpha < \dfrac{g}{g+u+\mu}$ の場合：
$g/(g+u+\mu)$ は未成熟個体が大型個体になる確率を表している．矮雄の相対繁殖力よりも，未成熟個体が大型個体になる確率が大きいならば，新規加入した幼生は矮雄にはならず全員が大型個体になり，大型個体は同時的雌雄同体になる．このとき，矮雄の個体数 $\hat{D}$ は 0 であるから，雌雄同体の雄機能への資源配分割合 m^* は 0.5 となり，つまり繁殖資源を精子生産と卵生産に等しく配分する（図 6.5）．

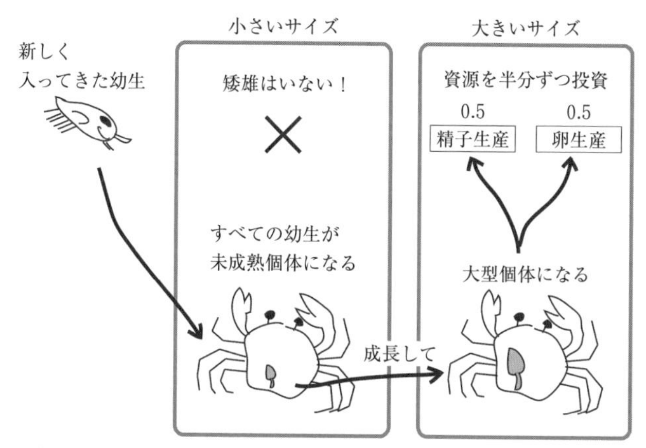

図 6.5　矮雄の相対繁殖力よりも，未成熟個体が成長する確率が高い場合
えさが豊富で成長しやすい環境にいる種に対応している．すぐに大型個体になれるので，すべての幼生は矮雄ではなく未成熟個体ルートを選択する．大型個体になったとき，繁殖資源を精子生産と卵生産に半分ずつ投資する．

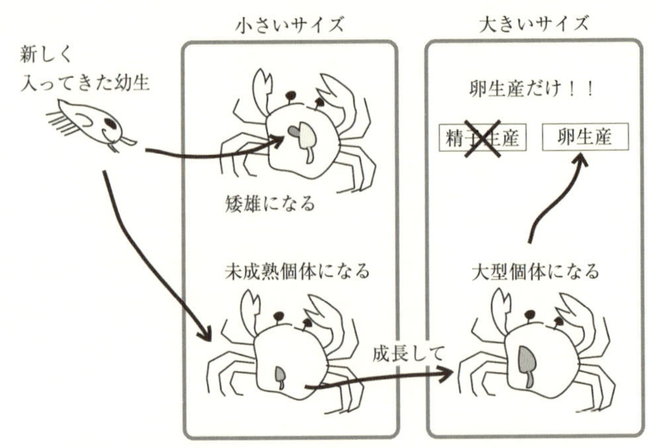

図 6.6　矮雄が有利で，未成熟個体が成長できる確率が低い場合
えさが少なく成長しにくい環境に棲む種に対応する．一部の幼生は矮雄になり，他は未成熟個体を経て，大型個体になる．このとき，大型個体は精子を生産せず，雌機能だけをもつ．つまり雌と矮雄の共存になる．

(2) $\alpha > \dfrac{g}{g+u+\mu}$ の場合：
未成熟個体が大型個体になる確率より，矮雄の相対繁殖力のほうが大きいならば，一部の幼生が矮雄になり，残りの幼生は未成熟個体ルートを選び，その後成長する．未成熟個体が成長して大型個体になると，雄機能を示さず雌になる．つまり，集団は雌と矮雄の共存状態になる（図 6.6）．

以上の結果から，個体の戦略が時間依存せず一定の場合は，未成熟個体の成長のしやすさによって，2 つの進化的に安定な状態が出てくることがわかった．えさが豊富で成長しやすいところにいると，すべての幼生が未成熟個体ルートを選び，やがて大型雌雄同体になる．そのとき雌雄同体は自分がもっている資源を，精子生産と卵生産に半分ずつ使う．一方，えさが少なく成長しにくい場合は，一部の個体は矮雄になり，他の個体は雌になる．矮雄の出現には，矮雄の相対繁殖力と大型個体へのなりにくさ（成長のしにくさ）が効いていることがわかる．なお，幼生の戦略が時間によらずずっと一定としているこの計算では，どのようなパラメータでも，矮雄は同時的雌雄同体と共存することがない．

6.4 矮雄と雌雄同体が共存するには

6.3 節のゲームモデルでは，生息地が安定的で，幼生の戦略が時間依存しない場合を考えた．このモデルでは，矮雄と同時的雌雄同体の共存は見られなかった．しかし実際には，フジツボにおいて矮雄が雌雄同体と共存している種が観察される．ではモデルのどの部分を改良するとよいだろうか．

雌雄同体と矮雄の共存という性システムをもつフジツボは，カニやウニ，カメの甲羅などに付着している種で見られる．カニに付着するフジツボの場合，カニの脱皮や死亡などによる，フジツボにとっての生息地の消失を考慮した戦略を採用する必要があるだろう．つまり，生息地がしばらく経って確実に失われる場合には，6.3 節のような定常解ではなく，時間に依存した最適解を計算する必要がある．その解を求める方法が「動的最適化」で，Box 3 で解説する．興味のある方は読んでみてほしい．

生息地の残り時間を幼生が察知して，ゲーム的状況の中で自らの最適戦略を変えていくという時間依存戦略を計算すると，過渡的に矮雄と雌雄同体の共存時間が現れることがわかった．その時間は長くは続かず，やがて矮雄と雌の共存に移行してしまう．面白いことに，この一時的な矮雄と雌雄同体の共存は，未成熟個体の成長率 g が比較的大きい場合にのみ出現するため，現実に見られる矮雄と同時的雌雄同体の安定的な共存を説明するのは難しそうである（動的最適化による時間依存解の詳細は Box 4 を参照）.

Box 3 動的最適化で時間依存戦略を解く

生息地が長寿命で安定であり，幼生の戦略は時間依存しないと考えた 6.3 節の計算では，同時的雌雄同体と矮雄の共存の解を得ることはできない．どうすれば，矮雄は雌雄同体と共存することができるだろうか．たとえばこのようなフジツボは，カニの甲羅の上に乗っているなど，カニの死亡や脱皮などの要因がフジツボ自らの生存・繁殖に大きく影響しそうな不安定な生息地にいることが多い．そこで，幼生の戦略が生息地の齢に影響を受ける場合を考えてみよう．新しく入ってきた幼生が，未成熟個体または矮雄のどちらを選ぶかによって，生息地の中にいる 3 タイプ（矮雄，未成熟個体そして大型個体）の個体数は変化する．幼生の定着場所の選択は，周りの個体の行動や生息地の残り時間などにも依存するため，定着タイミングによって変わるだろう．

戦略が時間に依存する場合を計算する

幼生の戦略が生息地の齢に依存する場合の，進化的に安定な解を求めてみよう．戦略が時間依存する場合には，いま現在その個体が選んだ戦略を実行した結果が，これから得られるであろう将来の繁殖成功にも影響を与えることになる．幼生の生涯における繁殖成功の期待値を最大にするような戦略を，時間ごとに選ぶにはどうしたらよいだろうか．ここでは，幼生が矮雄ルートを選んだとして考えてみよう．ここで重要な式は，6.3 節で導いた矮雄の繁殖成功の式である．

$$(\text{矮雄の繁殖成功 } V_D) = \Sigma\ [(\text{その日までの矮雄の生存率}) \times (1\ \text{日当たりの矮雄の繁殖成功 } \phi_D)]$$

先ほど説明したように，矮雄の生涯の繁殖成功の期待値である V_D は，

ϕ_D を通じて矮雄がその日その日にとった戦略に依存する．i 日目の矮雄に着目してみよう．i 日目以降の矮雄の期待繁殖成功を $V_{D,i}$ としたとき，$V_{D,i}$ は

（i 日目以降の矮雄の期待繁殖成功 $V_{D,i}$）
＝ max［（i 日目における繁殖成功）
＋（翌日までの生存率）×（翌日 $i+1$ 以降の繁殖成功）］

というように，その日の繁殖成功と翌日以降の期待繁殖成功を使って書くことができる．数学記号 max は［…］の中身である 2 つの繁殖成功の和を最大化する矮雄の戦略を選ぶことを表している．$V_{D,i}$ を，i 日目における矮雄の期待繁殖成功 $\phi_{D,i}$ と 1 日当たりの矮雄の生存率 p を使って数学的に書くと，

$$V_{D,i} = \max[\phi_{D,i} + pV_{D,i+1}]$$

が得られる．$i=0$ ならば，$V_{D,0}$ は矮雄誕生以降の期待繁殖成功を表すので，これは V_D と一致する．

漸化式を解いて $V_{D,i}$ の一般項を求めるには，特定の日 i における $V_{D,i}$ の値を知らなければならない．時刻 $i=0$ での値 $V_{D,0}$ はわからないが，矮雄がこれ以上生きられない最大の齢を T とするとき，時刻 $T+1$ においては $V_{D,T+1}$ が 0 になる．なぜなら，T 日目が最後なので，翌日に残しても繁殖にはつながらないからである．この漸化式を $T+1$ から解いていくにあたって，いまの時刻 i での繁殖成功を最大にするような 1 番よい戦略を選んでおくことが，結果的に個体の生涯の繁殖成功の期待値を最大にすることにつながる．将来の期待できる繁殖成功が最大になるように，現在自分がとるべき戦略を決めていけば，それが常に繁殖成功を最大にする最もよい戦略になるのだ．スタートからゴールまで，個体が選べる戦略の経路がたくさんあって，経路全体での繁殖成功を最大にすることを考える場合，時間ステップに分断して，各ステップでとるべき最適な戦略を考えることで，それが結果的に経路全体の繁殖成功を最大にすることを可能にしている（図を参照）．このような考え方に従って，最適な戦略を選ぶことを，「動的最適化」と

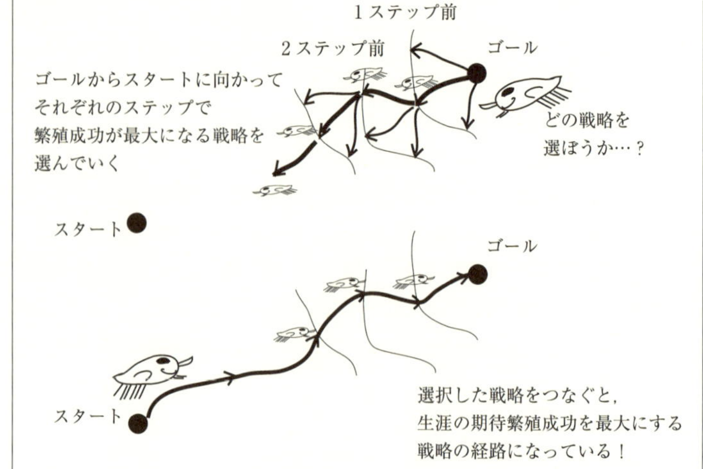

図　動的最適化の考え方

終わりの時間から始まりの時間に向かって，1ステップずつ，その時点における繁殖成功が最大になるような戦略を選んでいく．始まりの時間まで辿り着いたら，終わりの時間に向かって戦略のセットをつなぐ．すると，それが生涯の期待繁殖成功を最大にする戦略経路になっている．

いう．

ここでは矮雄の繁殖成功について説明したが，未成熟個体および大型個体についても同じように $V_{U,i}$ と $V_{H,i}$ の漸化式を書くことができる．3タイプの個体の繁殖成功の漸化式を使って，個体が選ぶべき最適な戦略セット（大型個体の性配分と未成熟個体ルートを選ぶ幼生の割合）の経路を求めることができる．

なお，ここまでは繁殖成功を計算する時間間隔は1日当たりにしてきたが，1週間当たりでも，1年当たりでも同様の議論が成り立つ．

Box 4　生息地の齢に応じた性システム

6.3 節の進化ゲームで見たように，個体の成長のしやすさ・しにくさによって，個体群の進化的に安定な状態は変化し，異なる性システムがもたらされることがわかっている．そこで，個体の戦略が生息地の齢に依存する今回の動的最適化計算でも，未成熟個体の成長率 g に着目してみよう．

まず，未成熟個体の成長率 g が大きい場合を見てみよう（図 1）．生息地の時間の経過にともない，3 つの性システムが出てくる．生息地ができてまもなくの頃（生息地の齢 2000 ステップまで）は，生息地にやってきた幼生はすべて未成熟個体を経て成長し，大型個体になる．そして，この大型個体は，精子生産と卵生産に資源を等しく配分する雌雄同体になる．このとき，個体群には未成熟個体と大型雌雄同体だけがいて，矮雄は現れない．個体群の性システムは同時的雌雄同体が観測される（図 1a の齢 2000 ステップまでを見てみよう）．

次の段階として，生息地の齢 2000 ステップのところに着目してほしい．このとき，個体群に劇的な変化が訪れる．未成熟個体ルートから矮雄ルートへの切り替わりがあるのだ．この時間以降に生息地にやってきた幼生はすべて矮雄になる．矮雄の出現によって，大型個体の性配分に変化が出てくる．いままで資源配分を精子生産と卵生産に半分ずつにしていたのに，雄機能への投資を減らして，雌機能に多くの資源を投資するようになるのだ．矮雄がやってきたことによって，大型個体は雄機能をそんなに作らなくてよくなったとも解釈できるし，大型個体がこれ以降増えることはなく，むしろ減っていくので，大型個体間の精子競争が減るためとも解釈できる．両方の効果によって，大型個体は精子を多くは作らなくなるのだろう．このとき，観察される個体群の性システムは，同時的雌雄同体と矮雄の共存である（図 1a の灰色の領域を参照）．時間がさらに経過すると，大型個体は雄機能を捨ててしまい，完全な雌になる．つまり，雌と矮雄が共存している状態になる（図 1a の齢 3000 ステップ以降の領域）．

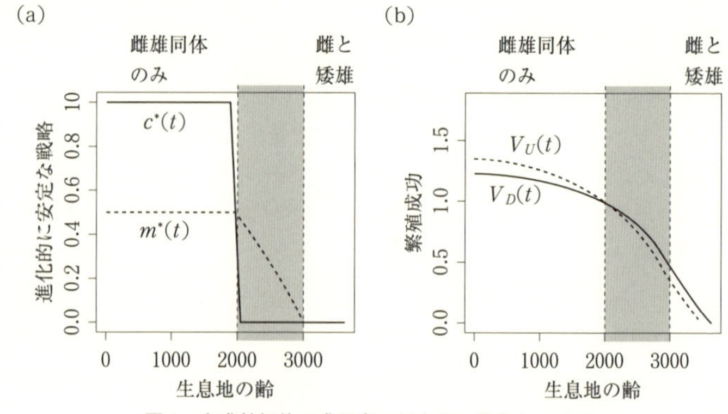

図 1　未成熟個体の成長率 g が大きい場合 ($g = 0.5$)

横軸は生息地の齢 t である．生息地の齢に応じて，3 つの性システムが現れる．灰色の領域は，同時的雌雄同体と矮雄の共存領域である．(a) 進化的に安定な戦略 ($m^*(t)$, $c^*(t)$)．$m^*(t)$ は大型個体の雄機能への資源配分割合，$c^*(t)$ は未成熟個体ルートを選ぶ幼生の割合を表す．$0 < m^*(t) < 1$ ならば大型個体は同時的雌雄同体，$m^*(t) = 0$ ならば大型個体は雌である．$c^*(t) = 1$ ならばすべての幼生は未成熟個体ルートを選び，$c^*(t) = 0$ ならばすべての幼生は矮雄になる．個体の戦略は生息地の齢 t に依存していることに注意．(b) 将来期待繁殖成功．矮雄の期待繁殖成功は $V_D(t)$，未成熟個体の期待繁殖成功は $V_U(t)$ で表している．Yamaguchi *et al*. (2013a) より．

性システムの時間的変化において，重要なポイントは矮雄の出現である．矮雄が現れるのは，矮雄として生きる選択が個体の生涯繁殖成功を高めるからである．つまり生活史の選択として，「矮雄ルート」と「未成熟のち大型個体ルート」があるとき，両者の繁殖成功を比較して，繁殖成功が高いほうを個体は選ぶ．図 1b の繁殖成功のグラフを見てみよう．生息地の齢 2000 ステップのところで，矮雄の繁殖成功 V_D と未成熟個体の繁殖成功 V_U の 2 つの曲線が交わっている．生息地の齢が若いときは，$V_U > V_D$ なのですべての幼生は未成熟個体となり，生息地の齢が大きくなると，$V_U < V_D$ となりすべての幼生は矮雄になる．年とった生息地にやってきた新しい幼生は，繁殖開始前に生息地自体が消失し，自らも死亡するという悲劇を回避するために，矮雄として

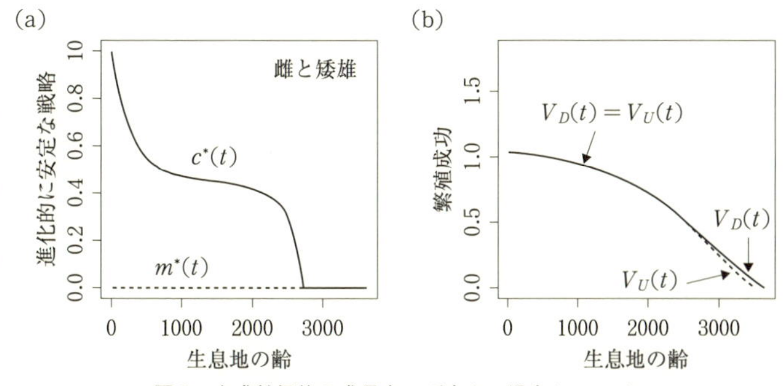

図 2　未成熟個体の成長率 g が小さい場合 ($g = 0.3$)

横軸は生息地の齢 t である．性システムは雌と矮雄の共存のみである．(a) 進化的に安定な戦略 ($m^*(t)$, $c^*(t)$)．$m^*(t)$ は大型個体の雄機能への資源配分割合，$c^*(t)$ は未成熟個体ルートを選ぶ幼生の割合を表す．$0 < m^*(t) < 1$ ならば大型個体は同時的雌雄同体，$m^*(t) = 0$ ならば大型個体は雌である．$c^*(t) = 1$ ならばすべての幼生は未成熟個体ルートを選び，$c^*(t) = 0$ ならばすべての幼生は矮雄になる．個体の戦略は生息地の齢 t に依存していることに注意．(b) 将来期待繁殖成功．矮雄の期待繁殖成功は $V_D(t)$，未成熟個体の期待繁殖成功は $V_U(t)$ で表している．Yamaguchi *et al*. (2013a) より．

すぐに繁殖する道を選ぶのだ．

これに対して，未成熟個体の成長率 g が小さい場合は，雌と矮雄の共存という 1 つの性システムしか現れない（図 2a)．矮雄の繁殖成功 V_D と未成熟個体 V_U の繁殖成功が長い期間一致するため，幼生の一部は矮雄に，残りは未成熟個体になる．未成熟個体になる幼生の割合は時間の経過とともに徐々に減少し，最終的には，すべての幼生が矮雄ルートを選択するようになる．このとき，矮雄の繁殖成功のほうが未成熟個体の繁殖成功よりも高くなっている（$V_D > V_U$，図 2b)．

以上の結果から，未成熟個体の成長率が大きい場合，個体群の進化的に安定な状態は，生息地の齢に応じて同時的雌雄同体のみ，同時的雌雄同体と矮雄の共存，雌と矮雄の共存と変化することがわかった．矮雄と雌雄同体の共存は，「個体の成長の速さ」と「生息地が存在する残り時間を考慮した，個体の戦略の選び方」のバランスによってもたらされているのだ．そして，生息地の消失が近づくと，この共存状態は慌ただしく消え去って，雌と矮雄のシステムへと変化してしまう．

6.5 生活史の選択に制約がある場合

6.4 節の冒頭でも述べたように，実際のフジツボでは，同時的雌雄同体と矮雄の共存が見られる種もある．しかし，6.3 節の時間依存しない戦略の計算では，この共存の解を得ることはできなかった．6.4 節の生息地の残り時間を考慮した時間依存戦略では，一時的にしか雌雄同体と矮雄の共存が見られず，しかもその状態を得るには未成熟個体の成長率の値もうまく選ぶ必要があった．

どうすれば，矮雄は雌雄同体と安定的に共存することができるだろうか．雄機能をもった大きな雌雄同体がいるのに，矮雄が出現し，2 つのタイプの個体が安定的に共存できるのか，というのはダーウィンが矮雄を発見して以来の謎であり，非常に興味深い現象なのだ．どうしても，雌雄同体と矮雄がずっと共存できる条件を知りたい，という私の願望を叶えるために，実際のフジツボの生態をよく調べてみた．

私の共同研究者であるコペンハーゲン大学のヘーグ教授（Jens T. Høeg）の研究グループが調べているヨーロッパミョウガガイは，雌雄同体と矮雄が共存する種である（ところで，このフジツボの学名は *Scalpellum scalpellum* であるが，いまのところ和名がない．この近縁種であり日本でよく見つかる *Scalpellum stearnsii* は，ミョウガガイというので，便宜的にこう呼んでいる）．ヨーロッパミョウガガイの雌雄同体には，矮雄が 2 個体ついていることが多い．またこの種は深いところに棲んでいるので，もしかしたら大型個体になれる確率が低く，大型個体の数が少ないのかもしれない．

本当は矮雄になりたいけれど，大型個体があまりいないなどの事情で矮雄になれないときに，仕方なく大型個体になる，そうせざるを得ないという場合があるのではないか．そこで，矮雄になれる機会に制約があるという効果を，6.3 節の進化ゲームに組み込んでみよう（図 6.7）．今回の計算でも，それぞれのタイプの個体数が時間によらず一定で，幼生の戦略も時間依存しない場合を考えている．

矮雄になりたい幼生が希望どおりに矮雄になれる機会が多い場合，6.3 節の進化モデルで見た結果と同じく，(1) 雌雄同体のみになる場合と (2) 雌と矮雄が共存する場合の 2 つの状態しか出てこない（図 6.8a）．個体が成長しやすければ（成長率 g が大きければ），みんな雌雄同体になってしまうし，成長しにくければ，大き

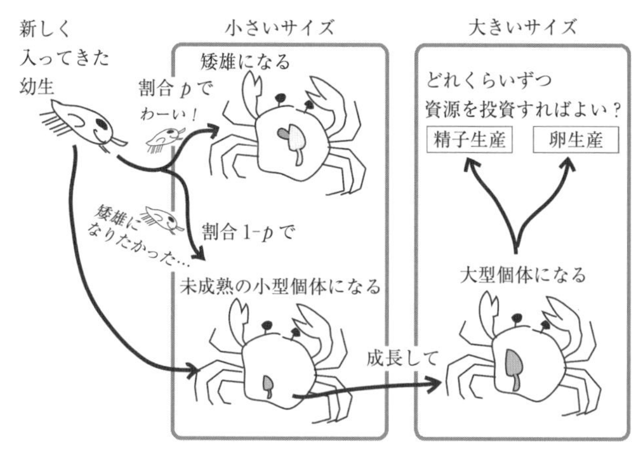

図 6.7　矮雄になれる機会に制約がある場合のモデル

矮雄になる選択をした幼生の中で，割合 p だけ希望どおり矮雄になれる．しかし，残りの割合 $1-p$ の幼生は残念ながら未成熟個体にならざるを得ない．図 6.3 との違いに注意．

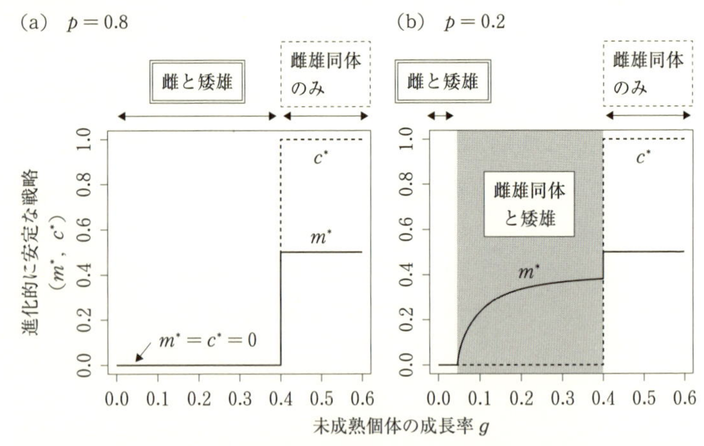

図 6.8　矮雄になれる機会に制約がある場合の進化的に安定な戦略と性システム

戦略セット (m^*, c^*) はそれぞれ大型個体の雄機能への資源配分割合 m^*, 未成熟個体ルートを選ぶ幼生の割合 c^* を表す．$m^* = 0$ ならば大型個体は雌，$0 < m^* < 1$ ならば大型個体は同時的雌雄同体である．$c^* = 1$ ならばすべての幼生は未成熟個体を経て大型個体になる．$c^* = 0$ ならばすべての幼生は矮雄になりたがるが，矮雄になれる機会に制約があるため，矮雄になれるのは一部の個体（割合 p）だけである．(a) 矮雄になれる機会が多い場合．成長率 g の値が大きいと雌雄同体のみに，g の値が小さいと矮雄と雌の共存になる．(b) 矮雄になれる機会が少ない場合．灰色の領域が矮雄と雌雄同体の共存である．雌雄同体の雄機能への資源配分割合 m^* は成長率 g によって変化することに注意．Yamaguchi *et al*. (2013b) より．

くなれた個体は雄機能を捨てて雌になり，矮雄と共存する．ところが，矮雄になりたいのにどうしても矮雄になれない場合を計算すると，広い範囲で矮雄と雌雄同体の共存領域が現れるのだ（図 6.8b）．雌雄同体のみの領域は図 6.8a と同じである．注目してほしいのは，成長率 g の値が中間のときである．成長率がやや小さいため，大型個体の数がそれほど増えない，矮雄として大型個体にくっつきたいけれど，残念ながら矮雄になれるチャンスに限りがある，この 2 つの条件の絶妙なバランスが，同時的雌雄同体と矮雄の共存を促しているのだろう．

生活史の選択として複数のルートがあるとき，その複数ルートが共存するには，各ルートを選ぶ個体の繁殖成功は一致するのが普通である．たとえば，6.3 節の進化ゲームモデルで挙げたように，矮雄ルートの個体の繁殖成功を V_D，未成熟個体ルートの繁殖成功を V_U とすると，

$V_D = V_U$ ならば，ある割合の幼生は矮雄になり，
残りは未成熟個体になる

といえる．つまり，矮雄とのちに大型個体になる未成熟個体の繁殖成功は等しいのだ．なぜなら，どちらかのルートの繁殖成功が大きければ，みんなそちらのルートを選ぶのが適応的だからである．大型雌雄同体のみになる場合はまさにそれで，矮雄になるよりも，未成熟個体を経て雌雄同体になったほうが高い繁殖成功が得られるからだ．

しかし面白いことに，矮雄になれる機会に制約があるこのモデルでは，矮雄ルートと未成熟個体ルートの繁殖成功が必ずしも等しくならない場合がある（図 6.9）．成長率 g が 0.4 以下で，矮雄になれる機会 p が 0.6 以下の領域を見てみよう．この場合は，矮雄の繁殖成功 V_D のほうが，将来大型個体になる未成熟個体の繁殖成功 V_U よりも高いのにもかかわらず，全員が矮雄になれないことを表している．今回知りたかったのは，同時的雌雄同体と矮雄が安定的に共存するのはどんな条件のときか，ということであった．答えは，成長がそれほどしやすくなくて，かつ矮雄になりたいのになれる機会が制限されている場合である．矮雄になるほうが繁殖成功が高いとわかっていても，未成熟個体ルートを選ばざるを得ない個体もいるのである．興味深いのは，雌と矮雄の共存であっても，矮雄と雌

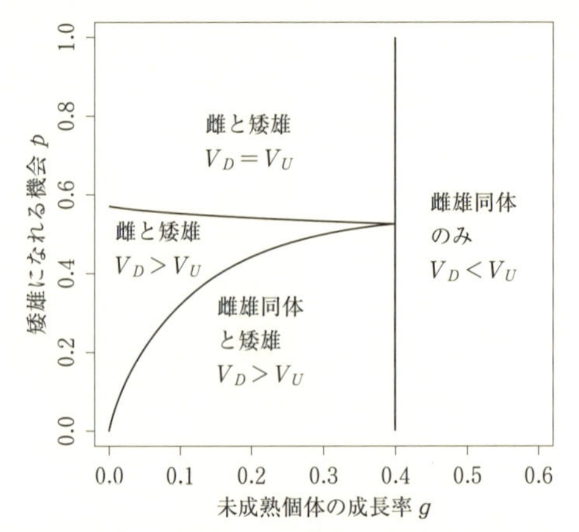

図 6.9　成長率 g と矮雄になれる機会 p に依存した性システム

成長率 g が大きいところでは雌雄同体のみになる．成長率 g が小さいところでは，矮雄が出現する．このとき，矮雄になれる機会 p が大きければ ($p > 0.6$)，矮雄は雌と共存し，それぞれの繁殖成功は一致する．しかし，矮雄になれる機会 p が小さいと ($p < 0.6$)，矮雄と未成熟個体の将来期待繁殖成功は一致しない．矮雄になるほうが繁殖成功は高いが，矮雄になれずに仕方なく成長して大型個体になる個体が出てくる．Yamaguchi *et al*. (2013b) より．

の繁殖成功が一致しない領域もあることだ．「この生活史を選びたい，だけどそれができない」という制約は，今回の矮雄の問題に限らず，さまざまな生物において起こっているものである．いままでは，異なる生活史の共存は繁殖成功が一致して，生物が自由に選んだ結果と考えられてきたが，実はこのモデルのように繁殖成功は必ずしも一致せず，個体の希望とは異なるルートを半ば強制的に選ばされた結果を見ている場合が自然界には多々あるのかもしれない．

7

性の可塑性と性システムの進化

7.1 性の可塑性とは何か

私たちヒトは，生まれながらにしてすでに性が決まっており，一生の間に性の機能が変化することはない．哺乳類では，生涯に性を変えるのはほとんど不可能だろうといわれている．それは，卵巣や子宮，精巣などといった生殖器官の構造が特殊化しているということが理由として考えられている．一方で，第 4 章で述べた魚類の場合は，生殖器官の構造が比較的単純で，その個体が経験する社会的条件や環境に応じて，性を行動面だけでなく，機能的にも変えることができる．これを性の可塑性（かそせい）という．

性の可塑性には，別の側面もある．それは，第 5 章で説明した環境性決定である．同じ遺伝的基盤をもつにもかかわらず，環境によって別の表現型が出てくる，つまり異なる性になる場合がある．

さらには，第 4 章におけるフグの仲間ツマジロモンガラの性転換の例では，先ほどの 2 つの性の可塑性が両方含まれている．一次雄になるか雌になるかの性分化における可塑性（環境性決定によるもの）と，雌から雄になる場合にいつのタイミングで性を変えるか（性転換）がある．ひとくちに「性の可塑性」といっても，さまざまな生物現象において登場する概念なので面白い．

この章では，有柄フジツボを例に，性の表現型可塑性，つまり同じ遺伝的基盤をもちながら，おかれた環境によって雌雄の性機能への資源の配分の割合を変化させ，さらには性システムまで変えることを，実証研究および理論の両面から示したい．

7.2 フジツボにおける連続的な性

奈良女子大学理学部教授の遊佐陽一先生は，有柄フジツボ類の矮雄に魅了された研究者のひとりである．フジツボ類の矮雄がなぜ進化してきたのかを，実証研究で明らかにしようとしている．遊佐先生の身長は190 cmととても高いのに，“I want to be a dwarf male（=矮雄）！”とおっしゃっている．逆に私は背が低いので，研究者仲間に「dwarf female（矮小雌）を名乗ってはどうか」といわれている．

フジツボ類の矮雄の形態は種ごとに特徴があり，大変興味深い．退化や特殊化が進んでいたり，大型個体のミニチュアだったり，これらの中間型だったりとバリエーションがあり，さまざまな種の矮雄を並べてみると，その形は連続的に変化していくのがわかる．ところで，フジツボの矮雄は大型個体の上にくっつかなければ繁殖できず，またその定着場所は必ず決まっている．その場所は，開口部とよばれ，フジツボが蔓脚を出したり，卵を放出したりする場所である．

遊佐先生は，ガザミというカニの甲羅に，オノガタウスエボシという有柄フジツボがくっついているのを見つけた（図7.1）．ガザミ

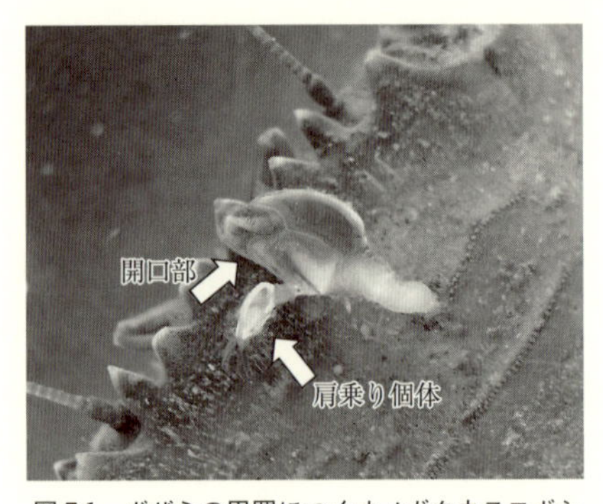

図 7.1　ガザミの甲羅につくオノガタウスエボシ

大きな個体の開口部に，小さな個体がくっついている．この小さい個体を肩乗り個体とよぶ．石村理知博士撮影．Yusa *et al*. (2010) より．

は簡単にいえば，パスタの具に入っているワタリガニである．オノガタウスエボシは，カニの甲羅の上にぽつんと1匹でくっついていることが多い．ところが，遊佐先生が見つけたオノガタウスエボシの開口部には，小さなオノガタウスエボシがくっついていたのだ．形態は大きな個体と全く同じで，ただサイズが小さいというだけだった．他個体上にくっついていたこの小さなフジツボを，「肩乗り個体」とよぶことにしよう．

オノガタウスエボシの性システムは雌雄同体のみで，これまで矮雄の報告はなかった．遊佐先生は，この肩乗り個体がくっついている場所が矮雄がくっつく場所と同じ開口部であることから，「もしかしたら，オノガタウスエボシの肩乗り個体は矮雄かもしれない」と考えた．そこで，ガザミを魚市場や海に探しに行き，カニの甲羅に単独でくっついているフジツボと肩乗りフジツボをたくさん集めた．そして，これらの2タイプのフジツボを解剖して，精巣がどれくらい発達しているか，精子がたくさんあるか，またペニスが発達しているかを調べた．すると，とても面白いことがわかった．

肩乗りフジツボの精巣は，カニにくっついている同じサイズのフジツボの精巣よりも非常に発達していて，精子がたくさん詰まっていた．また，ペニスの長さを比べても，カニにくっつくフジツボよりも長かったのである．肩乗り個体は小さな雄，つまり矮雄としてふるまっていた．雌雄同体の上に小さなオノガタウスエボシが肩乗りするという，雌雄同体と形態的に変わらない矮雄がいることが新たに発見されたのだ（Yusa *et al*., 2010）．

これまで雌雄同体のみの種だと考えられてきたオノガタウスエボシが，実はくっつく場所によって，同じ形態をもちながら性を変える．もしかしたら，雌雄同体だけと信じられてきた他のフジツボでも，くっつく場所を人工的に変えてしまえば，形は雌雄同体の縮小版のままで矮雄になるのではないか．

7.3 肩乗り処理実験による性の可塑性検証

オノガタウスエボシの肩乗り矮雄の発見（Yusa *et al*., 2010）によって，これまで性システムが同時的雌雄同体だといわれてきた種において，実は肩乗り個体が矮雄として繁殖しているのではないか，と遊佐先生は考えた．つまり，他個体に付着した雌雄同体が可塑的に性システムと生活史を変化させることで，矮雄になったのではないだろうか．

そこで遊佐先生の研究チームは，自然界では矮雄の知られていない雌雄同体の有柄フジツボを使って，小さくてまだ繁殖をはじめていない個体を人工的に大きな雌雄同体にくっつける実験を行った（Yusa *et al*., 2013）．遊佐先生が実験に用いたフジツボは，ソリエラエボシというカニのエラにつく種で，その大きさは1 cm くらいにしかならない．エラエボシの仲間は，カニのエラの中にぐちゃぐ

図 7.2　タカアシガニのエラに棲むエラエボシの仲間
たくさん密集してエラにくっついている．こんなにたくさんのフジツボたちにくっつかれて，タカアシガニは呼吸が苦しくないのだろうか．

ちゃっと集団でくっついていることが多く，よくカニが生きていられるなぁと感心してしまう（図 7.2）．カニもフジツボにつかれまいと掃除はしていると思うが，それでも集団でフジツボの幼生が押し寄せたら，カニはどうしようもないのかもしれない．

さて，ソリエラエボシを使って，肩乗り個体を実験的に作り出すということだが，この処理をするのに用いた道具が面白い．瞬間強力接着剤アロンアルファ[1]である．肩乗り実験に用いるフジツボの蔓脚が出る開口部を接着剤で塞いでしまわないように，ちょっとの接着剤で瞬間的にくっつけてしまわなければならない（図 7.3）．しかも，実験で肩乗りさせる個体は 3 mm 未満とかなり小さい．私は別の種の有柄フジツボでこの作業をしたことがあるが，見事に開口部を塞いでしまい，申し訳ないことにその個体は死亡してしまった．この実験を遂行した遊佐先生の学生さんはすごいと思う．ちな

1) アロンアルファは，東亞合成の登録商標．

図 7.3　アロンアルファでくっつけた肩乗りソリエラエボシ（白い矢印の部分）
竹村麻友子氏撮影.

みに遊佐先生は「アロンアルファ万能説」を掲げていて，アロンアルファでできないフジツボ実験はないと自負している.

体長 3 mm 未満の小さな個体を，肩乗り処理と単独処理にして 3 週間飼育し（図 7.4），その後解剖した．この体長の個体を実験個体として選んだのは，まだ十分に性成熟していないからである．また，有柄フジツボの場合，成長が非常に速く，性成熟までの時間が短い．それは宿主の動物が短時間で脱皮することや，生息地（流木等）が不安定であることへの適応と考えられている．そのため，3 週間という一見短めの実験期間で，十分に信頼できる実験結果が得られる.

実験開始から 3 週間後，それぞれの処理で用いたソリエラエボシの頭状部長とペニスの長さを測定した（図 7.5a）．フジツボの頭の部分の長さを測るのは，全体の長さ（体長）との間に正の相関があるからである．有柄フジツボは柄部と頭状部をあわせて体長というが，柄部はカニなどの宿主からむしり取ったときに切れてしまったり，アルコール固定時に収縮したり曲がったりして，長さの測定が難しいことがある．そのため，体長の指標として，頭状部長を使う

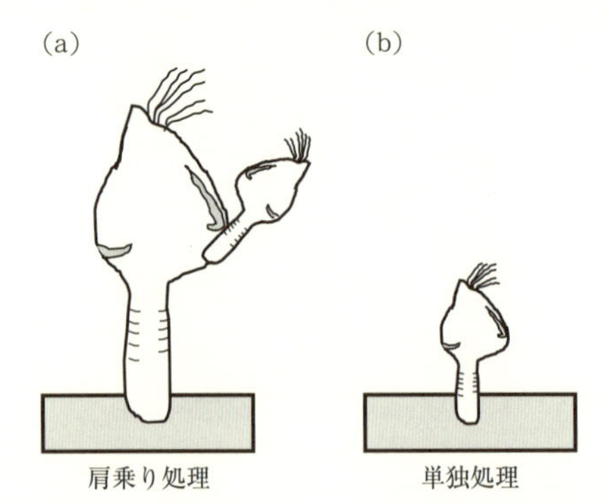

図 7.4　ソリエラエボシを使った性の可塑性実験の様子

(a) 肩乗り処理：大きな雌雄同体の上に，小さな個体をくっつけて飼育する．(b) 単独処理：小さな個体を単独で飼育する．

ことが多い．ペニスの長さを測るのは，その個体の雄としての発達具合を見るためである．有柄フジツボの場合，雄機能の発達指標の1つとして，ペニスの長さを用いることが多い．一般的には，雄機能を測る場合，ペニスの長さだけでなく，その太さ（要は体積が割り出せる）や精巣重量，精子量なども含める．しかし，有柄フジツボでは精巣がはっきりとした塊になっていない上，精子を蓄えている貯精嚢を取り出すのが難しいため，ペニスの長さだけで雄機能を測定することがある．もちろん雄機能にかかわる器官などは全部測定するに越したことはない．

体の大きさ（頭状部長）に対して，雄機能がどれだけ発達しているか（ペニスが長いか）をプロットしたのが図 7.5b である．●は単独処理個体を，○は肩乗り処理個体を表している．この図より，同じ頭状部長をもつ場合，肩乗り個体は単独個体よりも，ペニスの長さが長いことがわかった．つまり，肩乗り処理をすることによって，雄機能がより発達する傾向が見られた．ソリエラエボシは，自

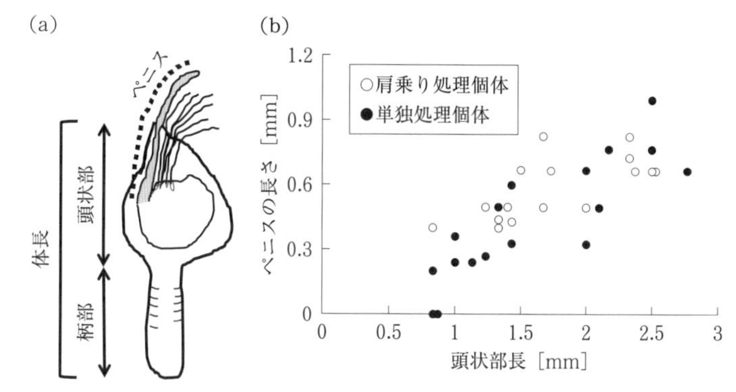

図 7.5　頭状部長とペニスの長さの関係

(a) 測定部位．(b) 頭状部長に対するペニスの長さ．肩乗り処理と単独処理において，同じ頭状部長をもつ個体を比べると，肩乗り個体のほうが単独個体よりもペニスが長い．Yusa *et al*. (2013) より．

然界では矮雄は発見されていないことから，肩乗りをさせることによって，性が可塑的に変化したのだといえる．それでは，肩乗り個体の雄機能の発達はなぜ起こったのだろうか．肩乗りという特別な位置にくっつけたことによる現象だろうか．それとも，単に肩乗り個体にとって，配偶相手となる個体がすぐそばにいたからだろうか．この実験では，「肩乗り」というスペシャルな場所にいることの効果が厳密には測れていないが，肩乗り個体と他個体との相互作用があって，肩乗り個体の雄機能が発達したことは間違いない．

7.4　沖縄美ら海水族館でのフジツボ調査

遊佐先生の「肩乗り矮雄」の発見を受けて，以前より実証研究をしたかった私は，2009 年 10 月フジツボを求めて沖縄に旅立った．そして沖縄美ら海水族館を訪問した．沖縄美ら海水族館には，深海係担当の技師・飼育員さんが多数いて，深海生物の展示にも大変力

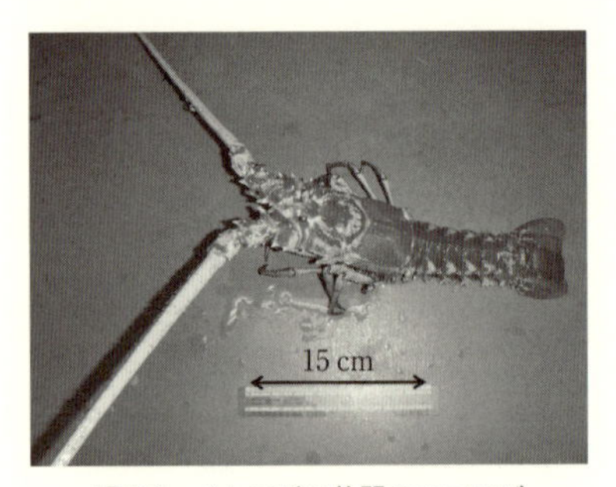

図 7.6　イセエビの仲間のハコエビ

とてもきれいな赤い殻をもっている．沖縄美ら海水族館のバックヤードで飼育されていた個体を撮影．

を入れている．以前から知り合いだった飼育員の金子篤史さんに，早速，深海生物に付着しているフジツボたちを見せてもらった．

肩乗りフジツボを探すには，まずたくさんのフジツボを手に入れる必要がある．水族館は海洋生物を飼育し，その生態や行動を来館者に見てもらうという重大な使命があるので，その仕事を妨げないようにしながらフジツボを集め，データをとらなければならない．さらには調査の結果を水族館や来館者のみなさんのために役立ててもらうものにしなければ！　さて，どのフジツボが今回のミッションに適しているだろうか．ぐるっとバックヤードを見て，ふと目についたのが，ハコエビというイセエビの仲間だった（図 7.6）．

ハコエビの背中には，たくさんの有柄フジツボがついていた．オレンジ色がかった小さなフジツボである．その名前はヒメエボシといって，深海性の甲殻類によくくっついているフジツボである．実はヒメエボシはみなさんも簡単に観察できる．日本の大きな水族館なら，タカアシガニという甲殻類最大のカニが飼育展示されており，その背中に高い確率でヒメエボシがついているのだ（図 7.7）．

(a)

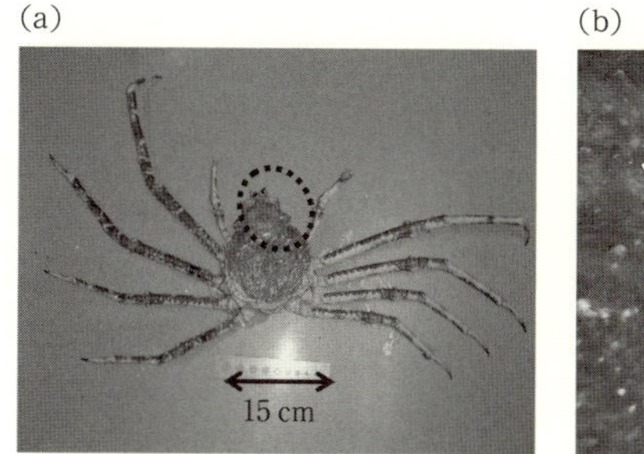

(b)

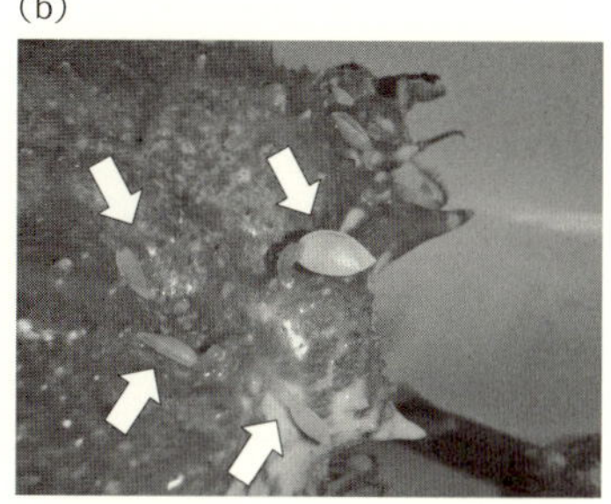

図 7.7　タカアシガニにつくヒメエボシ

(a) タカアシガニ．円で囲った部分に着目．(b)(a) の写真の囲い部分を拡大した写真．矢印の先にいるのがヒメエボシで，カニの大きさに比べると，とても小さいことがわかる．

私は水族館に行くと，必ずタカアシガニ水槽に張りついて，ヒメエボシを探すようにしている．運がよければ，他のフジツボを発見することもある．大きなカニのインパクトに負けない，小さなヒメエボシにも注目してもらえれば幸いである．

このヒメエボシは深海性のものとしては普通種なのだが，その小ささ（大きくても全長 2cm 程度）ゆえか，宿主の影に隠れて着目されることが少ない生物であり，その生活史は謎に満ちている．和歌山県白浜町にある京都大学瀬戸臨海実験所所長であった弘富士夫先生の名著『甲殻綱　蔓脚亜綱　完胸目 I（有柄蔓脚類）』（弘，1937；私たち有柄フジツボ研究者のバイブルである）には，ヒメエボシは「すこぶる美麗である」とまで賞賛されているのだが，なぜか影が薄い．

沖縄美ら海水族館の深海ハコエビ水槽には，ハコエビが雄 9 個体と雌 1 個体入っていた．背中やおなか側にたくさんのヒメエボシがついていたので，頑張って探せば肩乗り個体が見つかるかもしれない．沖縄滞在時間は1週間．何とかして滞在中に肩乗り個体を見つけ，すべてのヒメエボシをハコエビから取り外し，その付着位置と繁殖集団の大きさを調べ終えなければならない．

初日のバックヤード見学から宿に帰ってきた私は，まず水族館からお借りしたハコエビ標本をもとに，ハコエビの模式図を作成した．この図の上に，ヒメエボシの位置をプロットするためである．それから，どんな場所にヒメエボシがつきやすいのか，おおまかな情報をハコエビ標本から得た．よし，これで大丈夫，明日から調査頑張るぞ，と意気込んでその日は早めに就寝した．

翌日，水族館でハコエビと再度対面した．ハコエビを大きな水槽から引き上げて，作業用の小さい水槽に移した．ハコエビからヒメエボシを採集するため，できるだけハコエビを疲れさせないように，手早く作業を済ませなければならない．まず，ヒメエボシを目視で確認し，模式図に位置を記録する．通し番号を割り振った後，1個体ずつヒメエボシを取り外して，位置番号と一致した標本用ジップロックに回収し，無水エタノールで保存するという作業を行う．作業をはじめて愕然とした．ハコエビ1個体当たりのヒメエボシの数が多すぎるのだ．ヒメエボシが80個体を超える場合があり，深海水槽の水の冷たさも身にしみてきて，作業開始から2時間経過した頃には疲弊しきってしまった．それでも作業を続けることができたのは，深海係のみなさんの応援と清掃を担当されているスタッフさんとの会話があったからだ．調査を温かく見守ってくださった水族館のみなさんに感謝している．

作業が進むにつれて，肩乗り個体もかなり少数ではあるが集まってきた．肩乗り個体を得られたのはとてもうれしかったが，ちょっと違和感があった．それは，肩乗り個体が見つかった状況が私の予測とは異なっていたからだ．もし肩乗り個体が矮雄としてふるまう

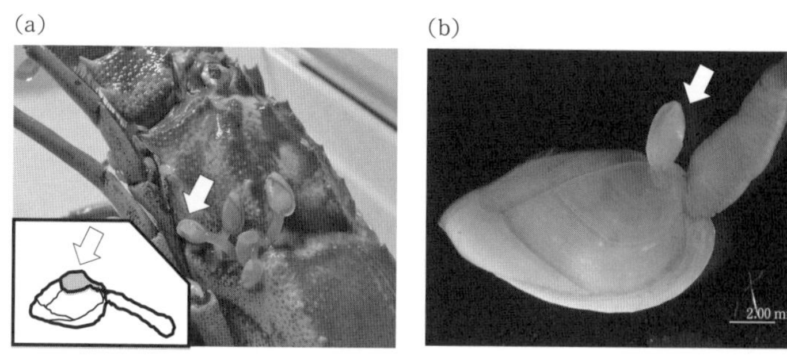

図 7.8　ハコエビ上のヒメエボシ

(a) ヒメエボシの肩乗り個体．矢印の先にいる個体が肩乗り個体である．写真では見づらいので，左下に模式図を示した．肩乗り個体が発見できたのは，ヒメエボシが集合しているところからだった．(b) 肩乗り個体の拡大写真．肩乗り個体は，大きな雌雄同体の頭状部についている．Yamaguchi *et al*. (2014) より．

ならば，肩乗り個体は周りの大きな雌雄同体との精子競争を考えると大きな個体が集まっていない場所に出現するはずである．しかし今回の調査では，たくさん個体が集合している場所に，肩乗り個体がいるのだ（図 7.8）．それはどうしてだろう．もしかすると，ヒメエボシの場合，肩乗り個体は矮雄ではないのかもしれない．採集した肩乗り個体を解剖したりしてみないとこの時点ではわからないので，研究室に持ち帰って調べることにした．1 週間の調査を終えて，肩乗り個体は 21 個体得ることができた．採集したヒメエボシは全部でおよそ 900 個体なので，肩乗り個体はごくわずかな頻度でしか出現しないのだ．

7.5　ハコエビに付着するヒメエボシの生活史と宿主上での分布

ヒメエボシの性システムは雌雄同体であるといわれており，これまでに矮雄の報告はなかった．自然状態で肩乗り個体が見つかったので，もしかしたらそれは矮雄ではないか．そのような期待を込めて，沖縄美ら海水族館から持ち帰った標本の体長測定からはじめることにした．当時の私は，とりあえず全個体測定してみよう，と片っ端からはじめてしまい，実験室で黙々と標本とにらめっこする日々が続いた．標本数は900個体と莫大で，いまから考えると，なぜあのときあれほど測定に夢中になっていたのかよくわからない．いまなら，ランダムサンプリングして，体長分布の傾向をつかむのが得策だったと反省している．体長測定の結果，肩乗り個体はハコエビ付着個体よりも小さかったが，1例だけ例外があった．肩乗り個体がハコエビ付着個体よりも大きく成長していたのだ．これだけでは，肩乗り矮雄説が却下されることはないが，たくさんヒメエボシが集まっている場所で，肩乗り個体が見つかったということも見逃せない事実である．一般的に，矮雄が出現する条件は，繁殖集団サイズが小さいときといわれている．ヒメエボシの肩乗り個体が矮雄ではないとしたら，考えられるのは小さいときは雄機能だけをもち，のちに雌雄同体として繁殖するという生活史である．この生活史の可能性の是非を検証するには，さまざまな大きさのヒメエボシにおける生殖器官の組織切片を作って成熟度合いを見てみるか，肩乗り個体実験を行う必要がある．組織切片を作るのも，肩乗り処理実験をするのも不慣れな私は，この仕事をこれからどうまとめていけばいいのか，困り果ててしまった．

一方で，ヒメエボシがハコエビのどの位置についているかの分析も行き詰まりを見せていた．ヒメエボシは，ハコエビの頭胸部と第1腹節の境目や歩脚の第3関節部分に集合していた（図7.9）．おそらく，水流を受けやすいところに付着することで，えさがとりやすいのだろう．またえさがとりやすいところにヒメエボシが集合することによって，繁殖相手を簡単に得やすいと考えられる．さて，こ

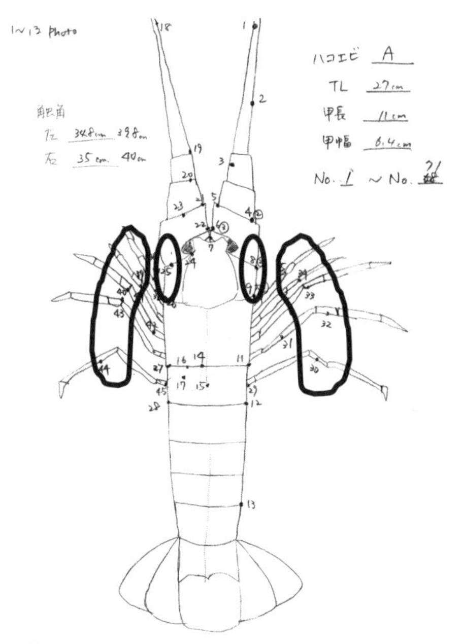

図 7.9　ハコエビ上でヒメエボシが集合する場所

実際にヒメエボシの付着位置を調べるにあたって作成した模式図．枠で囲っている箇所には，ヒメエボシがたくさん集合してくっついている．

のデータもどのように発表すべきか．

7.6 ヒメエボシの可塑的な性？

ヒメエボシの肩乗り個体は矮雄なのか．私ひとりではこの仕事は進みそうにないと思っていた矢先，その答えを明らかにするチャンスがやってきた．遊佐先生の卒業研究生であった吉田祥子さん（2010 年当時，奈良女子大学理学部生物科学科）がフジツボの繁殖戦略の実験に興味をもってくれたのだ．早速，沖縄美ら海水族館で

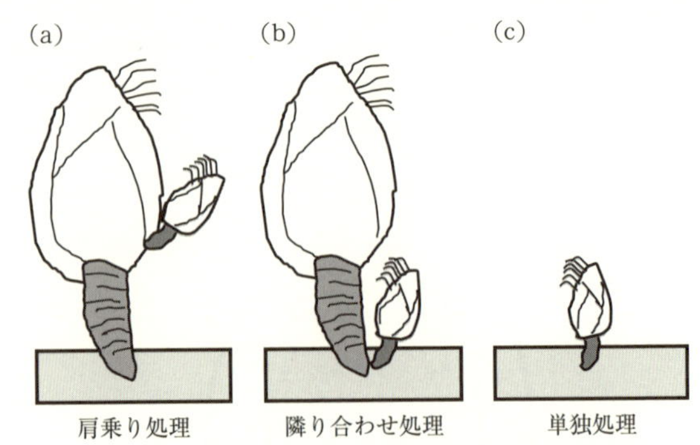

図 7.10　ヒメエボシを使った性の可塑性実験の様子

(a) 肩乗り処理：大きな雌雄同体の開口部に，小さな個体をくっつけて飼育する．(b) 隣り合わせ処理：大きな雌雄同体の根元に，小さな個体をくっつけて飼育する．(c) 単独処理：小さな個体を単独で飼育する．もしヒメエボシが矮雄としてふるまうことがあるならば，大きな雌雄同体の頭状部に肩乗りすることが大事な要因なのか，あるいは単に雌雄同体が近くにいることが影響しているのかを区別する必要がある．そのため，(a) と (b) の 2 つの処理を用意した．

のヒメエボシの肩乗り標本を吉田さんに送り，解剖などをしてもらうことにした．それと同時に吉田さんは，京都大学瀬戸臨海実験所の白浜水族館で飼育されていたタカアシガニの甲羅からヒメエボシを採取し，それらを使って肩乗り処理実験を開始した．ヒメエボシは，以前の肩乗り実験で使用したソリエラエボシより，少し大型のフジツボである．十分に性成熟していない 8 mm 未満の小さな個体を用いて，3 つの処理を行った．単独処理と隣り合わせ処理，そして肩乗り処理である（図 7.10）．ソリエラエボシの実験で明らかにされなかった「単独ではない」効果が性の可塑性をもたらすのかについて検討するために，隣り合わせ処理という項目が追加された．実験飼育後，3 週間後に解剖を行い，頭状部長とペニスの長さを測定してもらった．

その結果は，私にとってショックなものだった．結論からいってしまえば，ヒメエボシの性は可塑的でなかったのだ！　沖縄美ら海水族館での自然状態での肩乗り個体の雄機能は，通常の雌雄同体とほとんど変わりなかった．京都大学瀬戸臨海実験所のタカアシガニから採取したヒメエボシ実験でも，3つの処理間で性機能は変化せず，肩乗り処理個体の雄機能は通常の雌雄同体と同程度にしか発達しなかったのである．ヒメエボシにおいては，肩乗り個体は矮雄ではないし，性は可塑的でもない．では，なぜ自然状態で肩乗り個体になるのだろうか．考えられることとして，ハコエビ上でのヒメエボシの空間分布がある．ハコエビの甲羅の表面組織の問題なのか不明だが，殻表面にヒメエボシはほとんどくっついておらず，殻と殻の接合部分や関節部分に集合している傾向がある．ヒメエボシにとって，ハコエビ上での居心地のいい場所が限られているため，その場所が他のヒメエボシ個体にとられてしまうと，肩乗りせざるを得ないのかもしれない．実際，タカアシガニでは，甲羅がでこぼこしているせいなのか，甲羅にヒメエボシがばらばらに分布しており，肩乗り個体は極めてまれである（いままでに遊佐先生が1個体見つけただけであった）．ハコエビあるいはタカアシガニといった宿主の違いによるヒメエボシの分布パターンの違いというのは調べてみる価値がありそうで，いま解析をしているところである．

ヒメエボシには矮雄はいなかった…．矮雄を研究している身としては，少し寂しい結論であったが，これも大事な研究成果には違いない．吉田さんの実験のおかげで，私のヒメエボシの性システム研究は無事に日の目を見ることができ，論文として出版することができた（Yamaguchi *et al*. 2014）．水族館のみなさんにも少し恩返しができたかもしれない．論文出版前に，沖縄美ら海水族館の深海係のみなさんはヒメエボシ宣伝をしてくださり，水槽展示パネル（図

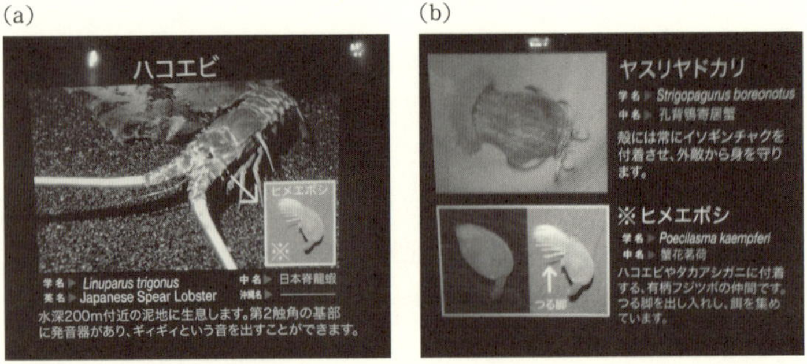

(a) (b)

図7.11 沖縄美ら海水族館でのヒメエボシ展示パネル(2010年11月〜2013年12月)
現在このパネルは展示が終了している．東地拓生氏作成．(a) ハコエビにくっつくフジツボとして紹介されているヒメエボシ．(b) ヒメエボシが蔓脚を広げてえさをとることを紹介している．

7.11）や深海生物診断「あなたにそっくりな深海生物はどれ？」にも登場しているので，大変感謝している．

7.7 性の可塑性と矮雄の進化のシナリオ

ソリエラエボシとヒメエボシの肩乗り処理実験の結果から，矮雄肩乗り進化説を提唱したい．他個体上に付着する「肩乗り」が繁殖集団内に現れ，ヒメエボシのように性表現が可塑的でない種から，ソリエラエボシのように可塑的に雄機能を発達させる状態を経由した結果，オノガタウスエボシなどに見られる矮雄が進化したというシナリオを描くことができる．性表現の進化的移行において，表現型可塑性は重要な役割を果たしたかもしれない．

では，「肩乗り」という効果が，なぜ矮雄の進化をもたらしたのだろうか．矮雄に特異的な条件を考えてみる．チャーノフ (Eric L. Charnov) との仕事で，フジツボの矮雄が雌雄同体からなる個体群の中で生き残っていけるのは，矮雄の適応度が雌雄同体の適応度

W_h より大きいときであると説明した（Yamaguchi *et al*., 2012).
このことを具体的な環境要因を挙げて書いてみると，

（繁殖開始齢になるまでの生存率の比）×（平均寿命の比）

×（精子間競争の強さ）> W_h

となる．生存率および平均寿命の「比」とは，矮雄／雌雄同体である．少し数学的に表してみよう．

$$\left(\frac{S}{S_h}\right)\left(\frac{E}{E_h}\right)\left(\frac{\delta \cdot m}{\bar{m}+\delta \cdot m}\right) > W_h$$

S/S_h は生存率比，E/E_h は平均寿命比で，添字 h は雌雄同体を指している．矮雄は雌雄同体よりも短命であるから，繁殖開始齢までの生存率が高ければ，矮雄はこの個体群の中で生き残れる可能性が高い．m は矮雄の精子量を，$\bar{m}$ は雌雄同体の精子量を表している．δ は矮雄の受精効率のよさであり，矮雄は繁殖行動時に自分の精子を周りの雌雄同体よりも有利な状況で渡すことができるということを示している．フジツボの矮雄が大型雌雄同体の特異的な場所（多くは頭状部の開口部）に定着しているので，精子を渡すのに有利な場所にいるということだろう．つまり，矮雄の受精効率のよさが矮雄の侵入可能の是非を決めている．肩乗り個体こそが，繁殖成功を高める非常によいポジションを獲得した戦略で，矮雄の進化を促した可能性がある．

7.8 資源配分モデルから考えた性と性システム

私たちがいま見ている生物の性は，生物自身が資源をいつ，どのように使うかを決めた結果であるといえる．つまり，成長と繁殖活動（雄機能と雌機能）への資源の振り分け方とそのタイミングによって，同じ個体でも観測時間に依存して性が変わるのである（図

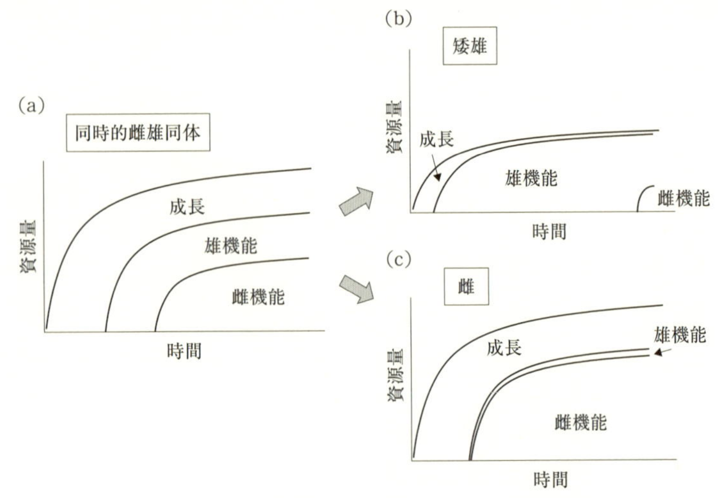

図 7.12　成長と繁殖機能への資源配分の方法と個体の性

(a) 同時的雌雄同体．小さいうちは成長だけを行うが，ある程度の大きさになると，雄機能が現れる．雌機能はもっと大きくなってからしか出現しない．(b) 矮雄．成長に資源をほとんど投資せず，雄機能に資源を費やす．(c) 雌．成長後，雄機能をほとんどもたず，雌機能にほとんどの資源を投資する．繁殖集団において，(a) のタイプの個体のみだったら，同時的雌雄同体のみの種である．(a) と (b) のタイプが共存している場合や，(b) と (c) が共存している場合（これは性システムが雌雄異体）もある．Yusa *et al*. (2013) より．

7.12)．たとえば同時的雌雄同体の場合，小さいうちは成長だけを行って繁殖はしないが，徐々に雄機能が現れ，その後雌機能も発達してくる（図 7.12a)．はじめに雄機能が現れるのは，精子生産は卵を作るほどには資源を必要としないからである．卵は精子よりもはるかに大きいし，栄養を蓄える必要があるので，卵生産は生物にとってコストがかかるのだ．よって一般的に同時的雌雄同体は，小さいうちは雄としてふるまい，大きくなってから両方の性機能をもち，雄としても雌としても繁殖するようになる．

どんな活動・機能に資源を投資するかというタイミングが，何らかの要因によって変わってしまえば，観測される生物の性は変わってくる．今回紹介した，オノガタウスエボシのような肩乗り矮雄は，まさにその例である（図 7.12b）．他者の体の上に乗ったことで成長をほとんどしなくなり（あるいは下の肩乗られ個体から成長を抑制されているのかもしれない），資源を雄機能だけに投資するようになる．そのほうが小さい肩乗り個体によって，たくさんの子を残すことができるからである．もちろん，運よく成長して大きくなった肩乗り個体は，卵を作るようになるだろう（図 7.12b）．それがオノガタウスエボシで見られた肩乗り雌雄同体かもしれない．

同時的雌雄同体が雄機能ではなく，逆に雌機能を発達させることもあるだろう（図 7.12c）．たとえばフジツボにおいては，繁殖集団の大きさが小さい（極端なことをいえば，自分とそのパートナーの 2 個体のみ）場合，フジツボは交尾相手の卵を受精させるのに足りるだけの精子を作ればよく，ほとんどの資源を卵生産に投資することになるだろう．さらには，その繁殖集団に矮雄がいれば，雌雄同体は精子生産をする必要がなくなり，雄機能を捨て，雌になるだろう．このように，フジツボにとっての環境（定着できる宿主や繁殖集団の大きさ）によって，性は可塑的になるのである．

では，フジツボに見られる多様な性システムはどのようにもたらされるのか．性システムとは，異なる性をもつ個体たちが共存していることを指す．同時的雌雄同体のみだった個体群に，肩乗り矮雄が出てきたら，それは雌雄同体と矮雄というシステムになる．また，雌としてふるまう個体と矮雄が共存すれば，雌雄異体という性システムが観測されることになるのだ．

性の可塑性の進化的要因の考察は，多様な性システムがなぜ見られるのかを解明する上で重要な役割を果たすだろう．フジツボは実証面でも理論面でも扱いやすい生物であり，将来海洋生物の多様な性の「なぜ」を探る上で，フジツボがこの分野を大きくリードしてくれるに違いない．

引用文献

第2章

Darwin, C. (1851) *A Monograph on the Sub-class Cirripedia, vol.* 1. The Lepadidae. The Ray Society

Herring, P. (2001) *The Biology of the Deep Ocean.* Oxford University Press

倉谷うらら (2009)『フジツボ―魅惑の脚まねき』岩波書店

Pilsbry, H.A. (1908) On the classification of scalpelliform barnacles. *Proc. Acad. Nat. Sci. Philadelphia*, **60**: 104-111

Ozaki, Y., Yusa, Y., Yamato, S., Imaoka, T. (2008) Reproductive ecology of the pedunculate barnacle *Scalpellum stearnsii* (Cirripedia: Lepadomorpha: Scalpellidae). *J. Mar. Biol. Ass. UK*, **88**: 77-83

Yamaguchi, S., Ozaki, Y., Yusa, Y., Takahashi, S. (2007) Do tiny males grow up? Sperm competition and optimal resource allocation schedule of dwarf males of barnacles. *J. Theor. Biol.*, **245**: 319-328

第3章

Charnov, E.L. (1982) *The Theory of Sex Allocation.* Princeton University Press

Charnov, E.L. (1987) Sexuality and hermaphroditism in barnacles: a natural selection approach. In: Southward, A.J. (ed), *Barnacle Biology. Crustacean Issue. vol.* 5: 89-103. A.A. Balkema

J. メイナード-スミス 著, 寺本 英・梯 正之 訳 (1985)『進化とゲーム理論―闘争の論理―』産業図書

リチャード・ドーキンス 著, 日高敏隆・岸 由二・羽田節子・垂水雄二 訳 (2006)『利己的な遺伝子 増補新装版』紀伊國屋書店

酒井聡樹・高田壮則・近 雅博 (1999)『生き物の進化ゲーム―進化生態学最前線：生物の不思議を解く』共立出版

Yamaguchi, S., Sawada, K., Nakashima, Y., Takahashi, S. (2012) Sperm as a paternal investment: a model of sex allocation in sperm-digesting hermaphrodites. *Theor. Ecol.*, **5**: 99–103

第4章

Freeman, D.C., Harper, K.T., Charnov, E.L. (1980) Sex change in plants: old and new observations and new hypotheses. *Oecologia*, **47**: 222–232

Ghiselin, M.T. (1969) The evolution of hermaphroditism among animals. *Quarterly Rev. Biol.*, **44**: 189–208

Iwasa, Y. (1991) Sex change evolution and cost of reproduction. *Behav. Ecol.*, **2**: 56–68

桑村哲生（2004）『性転換する魚たち―サンゴ礁の海から』岩波書店

Loya, Y., Sakai, K. (2008) Bidirectional sex change in mushroom stony corals. *Proc. R. Soc. B.*, **275**: 2335–2343

Manabe, H., Matsuoka, M., Goto, K. Dewa, S., Shinomiya., A., Sakurai, M., Sunobe, T. (2008) Bi-directional sex change in the gobiid fish *Trimma* sp.: does size-advantage exist? *Behaviour*, **145**: 99–113

Mérot, C., Collin, R. (2012a) Effects of food availability on sex change in two species of *Crepidula* (Gastropoda: Calyptraeidae). *Mar. Ecol. Progr.*, **449**: 173–181

Mérot, C., Collin, R. (2012b) Effects of stress on sex change in *Crepidula* cf. *marginalis* (Gastropoda: Calyptraeidae). *J. Exp. Mar. Biol. Ecol.*, **416–417**: 68–71

Munday, P.L., Buston, P.M., Warner, R.R. (2006) Diversity and flexibility of sex-change strategies in animals. *Trends Ecol. Evol.*, **21**: 89–95

Muñoz, R.C., Warner, R.R. (2003a) A new version of the size-advantage hypothesis for sex change: incorporating sperm competition and size-fecundity skew. *Am. Nat.*, **161**: 749–761

Muñoz, R.C., Warner, R.R. (2003b) Alternative contexts of sex change with social control in the bucktooth parrotfish, *Sparisoma radians*. *Environ. Biol. Fishes*, **68**: 307–319

Seki, S., Kohda, M., Takamoto, G. Karino, K., Nakashima, Y., Kuwamura,

T. (2009) Female defense polygyny in the territorial triggerfish *Sufflamen chrysopterum*. *J. Ethol.*, **27**: 215-220

Takamoto, G., Seki, S., Nakashima, Y., Karino, K., Kuwamura, T. (2003) Protogynous sex change in the haremic triggerfish *Sufflamen chrysopterus* (Tetraodontiformes). *Ichthyol. Res.*, **50**: 281-283

Warner, R.R. (1975) The adaptive significance of sequential hermaphroditism in animals. *Am. Nat.*, **109**: 61-82

Warner, R.R. (1984) Mating behavior and hermaphroditism in coral reef fishes: the diverse forms of sexuality found among tropical marine fishes can be viewed as adaptations to their equally diverse mating systems. *Amer. Sci.*, **72**: 128-136

Yamaguchi, S., Seki, S., Sawada, K., Takahashi, S. (2013) Small and poor females change sex: a theoretical and empirical study on protogynous sex change in a triggerfish under varying resource abundance. *J. Theor. Biol.*, **317**: 186-191

第5章

Agius, L. (1979) Larval settlement in the echiuran worm *Bonellia viridis*: settlement on both the adult proboscis and body trunk. *Mar. Biol.*, **53**: 125-129

Baltzer, F. (1934) Experiments on sex development in *Bonellia viridis*. *Biol. Bull.*, **10**: 101-108

Charnov, E.L., Bull, J. (1977) When is sex environmentally determined? *Nature*, **266**: 828-830

Conover, D.O. (1984) Significance of temperature-dependent sex determination in a fish. *Am. Nat.*, **123**: 297-313

Crews, D., Bull, J.J. (2009) Mode and tempo in environmental sex determination in vertebrates. *Semin. Cell Dev. Biol.*, **20**: 251-255

Høeg, J.T., Lützen, J. (1995) Life cycle and reproduction in the Cirripedia Rhizocephala. *Oceanogr. Mar. Biol.*, **33**: 427-485

Jaccarini, V., Schembri, P.J., Rizzo, M. (1983) Sex determination and larval sexual interaction in *Bonellia viridis* Rolando (Echiura: Bonelliidae).

J. Exp. Mar. Biol. Ecol., **66**: 25-40

Janzen, F.J., Paukstis, G.L. (1991) Environmental sex determination in reptiles: ecology, evolution, and experimental design. *Quart. Rev. Biol.*, **66**: 149-179

Merchant-Larios, H., Díaz-Hernández, V. (2012) Environmental sex determination mechanisms in reptiles. *Sex. Dev.*, **7**: 95-103

Ritchie, L.E., Høeg, J.T. (1981) The life history of *Lernaeodiscus porcellanae* (Cirripedia: Rhizocephala) and co-evolution with its porcellanid host. *J. Crusta. Biol.*, **1**: 334-347

Rouse, G.W., Goffredi, S.K., Vrijenhoek, R.C. (2004) *Osedax*: bone-eating marine worms with dwarf males. *Science*, **305**: 668-671

Rouse, G.W., Worsaae, K., Johnson, S.B., Jones, W.J., Vrijenhoek, R.C. (2008) Acquisition of dwarf male "harems" by recently settled females of *Osedax roseus* n. sp. (Siboglinidae; Annelida). *Biol. Bull.*, **214**: 67-82

Smith, C.C., Fretwell, S.D. (1974) The optimal balance between size and number of offspring. *Am. Nat.*, **108**: 499-506

Yamaguchi, S., Høeg, J.T., Iwasa, Y. (2014) Evolution of sex determination and sexually dimorphic larval sizes in parasitic barnacles. *J. Theor. Biol.*, **347**: 7-16

第6章

Ghiselin, M.T. (1974) *The Economy of Nature and the Evolution of Sex*. University of California Press

長谷川寿一・長谷川眞理子（2000）『進化と人間行動』東京大学出版会

Pietsch, T.W. (2005) Dimorphism, parasitism, and sex revisited: modes of reproduction among deep-sea ceratioid anglerfishes (Teleostei: Lophiiformes). *Ichthyol. Res.*, **52**: 207-236

Turner, R.D., Yakovlev, Y. (1983) Dwarf males in the Teredinidae (Bivalvia, Pholadacea). *Science*, **219**: 1077-1078

Yamaguchi, S., Sawada, K., Yusa, Y., Iwasa, Y. (2013a) Dwarf males, hermaphrodites, and large females in marine species: a dynamic optimization model of sex allocation and growth. *Theo. Popul. Biol.*, **85**: 49-57

Yamaguchi, S., Sawada, K., Yusa, Y., Iwasa, Y. (2013b) Dwarf males and hermaphrodites can coexist in marine sedentary species if the opportunity to become a dwarf male is limited. *J. Theor. Biol.*, **334**: 101-108

第7章

弘富士夫（1937）『甲殻綱 蔓脚亜綱 完胸目 I（有柄蔓脚類）日本動物分類 第9巻 第1篇 第5号』三省堂

Yamaguchi, S., Charnov, E.L., Sawada, K., Yusa, Y. (2012) Sexual systems and life history of barnacles: a theoretical perspective. *Integr. Comp. Biol.*, **52**: 356-365

Yamaguchi, S., Yoshida, S., Kaneko, A., Sawada, K., Yasuda, K., Yusa, Y. (2014) Sexual system of a symbiotic pedunculate barnacle *Poecilasma kaempferi* (Cirripedia: Thoracica). *Mar. Biol. Res.*, **10**: 635-640

Yusa, Y., Takemura, M., Miyazaki, K., Watanabe, T., Yamato, S. (2010) Dwarf males of *Octolasmis warwickii* (Cirripedia: Thoracica): the first example of coexistence of males and hermaphrodites in the suborder Lepadomorpha. *Biol. Bull.*, **218**: 259-265

Yusa, Y., Takemura, M., Sawada, K., Yamaguchi, S. (2013) Diverse, continuous, and plastic sexual systems in barnacles. *Integr. Comp. Biol.*, **53**: 701-712

あとがき―終わりのない「性」と「生」の物語

私がフジツボと出会い，矮雄進化の研究をはじめてから，ちょうど10年が過ぎた．10年経っても，「矮雄がなぜ進化できたのか」という問いの答えを完全に見出したとはいえず，おそらくこの謎を私は一生をかけて解くことになるだろう．一生かかっても解けないかもしれないが，ぜひ答えを見つけたい．

この本を執筆中に投稿していた論文が国際誌に掲載された．その論文の主人公は，閉じ込められた空間で生涯をペアとして過ごすエビである．カイロウドウケツというガラスカイメンの中には，ペアで暮らすエビ（ドウケツエビ）が入っていることがある．幼生期にカイメンの中に入ると，成体になってからは外に出ることができないといわれている．名古屋港水族館で，カイロウドウケツとドウケツエビの幻想的な展示を見たとき，このエビに関する研究をしてみたいと思ったのだ．

ところで，私の共同研究者であるチャーノフは，彼の著書の中で，「一度すみかに定着してしまう生物（つまり固着性生物）では，繁殖集団が小さいほど，同時的雌雄同体になりやすい」と述べている．しかも，精子を作るのに配分する資源を少なくして，卵をよりたくさん作るようになると説明している．すると，ペアで生活する生物は，繁殖集団サイズが最も小さい状態といえる．ところがカイメンやウミシダの中に閉じ込められて住むペアのエビは，雌雄同体ではなく，雌雄異体なのだ．これはどうしてだろう（イラストでは，ウミシダが腕を大きく広げていて，ペアのエビの姿が確認できるが，実際はもう少し腕を閉じていて，エビが完全に見えることはまれである）.

ずっと同じペアで繁殖する2個体では繁殖成功は等しく，個体間で利害の対立がない．なぜなら，自分の卵を受精してくれる他個体は，相手しかいないからである．閉じ込められた空間では，ペアが使える資源に限りがあるだろう．そして，雄として繁殖するために最低限の資源投資が必要なとき（雄生殖器構造を発現させるのにコストがかかるとき），ペアは小さな雄と大きな雌にサイズと性機能を分業するのが，お互いの繁殖成功を最大化できるのではないかと考えた．この「性機能分業」の状態は，2個体に利害の対立が存在しないため，進化で簡単に実現するはずと予想し，ゲームモデルを作成して解いてみた．すると，意外な結論を得た．

形質が遺伝子だけで決まる場合は，ペアが性機能の分業をせず，同じサイズの雌雄同体になり，最高の繁殖成功に到達できないことがあるのだ．しかし，各個体が相手のふるまいを見て，可塑的に適応的な表現型をとれるとしよう．すると最大の繁殖成功に必ず到達でき，ペア形成の段階で小さかった個体は雄に，大きかった個体は雌になる．雄は雌に多くの資源を譲って，雌にたくさんの卵を作ってもらうのである．これは遺伝子の進化だけでは到達できない適応が，表現型可塑性によって進化できることを示す新しい結果である！

と，あとがきでエビの進化ゲームについて熱く語ってしまった．本書の中では，フジツボという「雌雄同体」をメインに話を展開してきたが，最後は「雌雄異体」のエビで締めくくることにしよう．海の生き物に見られる多様な性は，「雌雄同体」，「雌雄異体」，「性転換」と完全に切り離せることもあるが，性機能に投資する資源の時間的配分によって，なだらかに変化する連続体の側面ももち合わせている．私はこれからも魅惑の海洋生物とともに，彼らの多様な性や生き方を解き明かす数理生物学の道を歩み続けたい．

謝　辞

本書の話題の大部分は，私自身が行ってきた研究の紹介である．私の研究活動を支えてくださった指導者や共著者のみなさんに，この場をお借りして，感謝の意を表したい．高橋智先生（大学院生時の指導教官），遊佐陽一先生（私の長年のフジツボ共同研究者），大和茂之先生（フジツボの分類学で大変お世話になっている共同研究者），桑村哲生先生（魚類の性転換研究でいろいろなお話を聞かせてもらうだけでなく，相談にも乗っていただきお世話になっている），中嶋康裕先生（雌雄同体の精子消化現象を教えてくださった共同研究者），安田恵子先生（学部生のときからお世話になっている．組織切片作成のプロフェッショナル），澤田紘太さん（理論研究に鋭いツッコミを入れてくれる共同研究者），関さと子さん（ツマジロモンガラの性転換現象を教えてくださった共同研究者）．そして，国際共同研究者のProf. Jens T Høeg（フクロムシの繁殖システム研究．会えばいつも力強いハグをしてくれるが，私は吹き飛んでしまう），Prof. Eric L Charnov（フジツボ性配分研究．私の憧れの研究者である）．

第7章のフジツボ調査では，海洋博公園・沖縄美ら海水族館のみなさんに大変お世話になった．深海係の金子篤史さん，東地拓生さん，高岡博子さん，谷本都さん．みなさんのご協力と温かい励ましのおかげで，ヒメエボシなどのフジツボの性を明らかにすることができた．また，ヒメエボシの展示パネルの写真掲載に快諾をいただいた．とても感謝している．

大阪市立自然史博物館ならびに東海大学海洋科学博物館には，収蔵標本および収蔵展示の写真掲載に快諾をいただき，大変感謝している．

研究を進めるにあたって，研究のディスカッションや日々の話など，楽しい時間を共有した，次のみなさんに感謝したい．奈良女子大学集団生物学研究室 和田恵次・遊佐陽一グループのメンバー．日本学術振興会特別研究員 PD として在籍していたときに，お世話になった九州大学数理生物学研究室．林亮太さん，吉田隆太さんをはじめとする若手フジツボ研究者のみなさん．コペンハーゲン大学の Uwe Spremberg さん（デンマークでの生活では日常から研究までずっとお世話になっていた）．関澤彩眞さん（琉球大学の瀬底実験所では，ウミウシについてたくさんのことを教えていただいた）．

そして，研究活動をいつも応援してくれる私の家族．父，母，祖母，妹そして猫のミーコにはいつも励ましてもらっている．ありがとう．ところで，母はいつも「フジツボ」を「ウツボ」と間違えるが，本書で「フジツボ」をわかってもらえることを期待している．

最後に，私を常に勇気づけ支えてくださった杉村智子さんのお手元に，この著書が届くことを願っている．

本書の執筆にあたり，コーディネーターとして，原稿の執筆に適切なアドバイスやコメントをくださった巌佐庸先生，いつも温かい励ましのお言葉をくださり，本書の完成に向けて一緒に歩んでくださった，共立出版の山内千尋さんには，大変お世話になりました．ほんとうにありがとうございました．

海の生物の適応戦略

コーディネーター　巌佐　庸

海に棲む動物は，陸の動物とは随分違った生活をしている．最初しばらくは，幼生として水の中でプランクトン生活をし，その後岩礁に定着し，形を変えて成長するものが多い．

海の生き物でも，子どもは父親と母親から作られる．子どもを作るためには，自ら卵を作る雌の役割か，精子を作って他の個体が産む卵を授精する雄の役割の，どちらかを果たす必要がある．フジツボなどの多くの種は，それぞれの個体が，雌としての役割と雄としての役割の両方を担う雌雄同体である．サンゴ礁の魚には，小さいうちは雌として卵を産むが，大きくなると雄に「性転換」して他個体の卵を授精する種も多い．さらには，たとえそれぞれの個体が一生にわたって雌であるか雄であるかのどちらかだとしても，その性が性染色体で決まるとは限らない．幼生では性が決まらず，定着したとき状況に応じて雌雄のどちらになるかが決まるという環境性決定もある．このように海の動物が示す性の多様性は，陸の動物の常識をはるかに超えている．

こういった海の動物の性のあり方は，どのように理解すればよいのだろう．本書は，それを「ゲーム理論」によって説明してみせる．利害の異なるプレイヤーが，それぞれ自らにとってベストになるよう行動や生理を選ぶとしよう．しかし他個体の行動を自分の都合のよいように変更することはできない．このときどんな状態が実現するのだろう．これは社会科学でしばしば出現する状況である．

動物の，餌探しや配偶者選びといった行動，成長と体の大きさ，繁殖を開始するタイミングなどは，できるだけうまく生きて成長し，次の世代を作って広がるように努力していると考えるととてもよく理解できる．現在見られる生物は，長い進化のプロセスで選び抜かれてきたものである．もともとはあるタイプの行動や生理をもつ個体の集団に，突然変異によって違った行動や生理をもつタイプが現れるとする．もし後者がより多くの子どもを残せるとすると，しばらくするとタイプが置き換わってしまうだろう．長い進化の過程ではさまざまなタイプが試されたであろうから，与えられた状況でベストを尽くしてできるだけ多数の子どもを残せるようなふるまいをするタイプが最終的に残っているはず，と考えられる．これが，ゲーム理論を使うことの根拠になっている．

進化というと多くの人は，恐竜やアンモナイトの化石，もしくはヒトがチンパンジーなどの類人猿から進化したといったことを思い浮かべる．進化はロマンと夢の世界で，私たちの日常生活とはかけ離れたものと思われるかもしれない．しかし生物はいまでも進化をし続けていて，機会があれば驚くほど素早く変わることができる．このことは私たちの生活に，重大な結果をもたらす可能性がある．

たとえば，最初はとても有効であった医薬品が，何年かすると全く効かなくなることがある．ウイルスやバクテリアなどの病原体でランダムに生じた突然変異の中に，たまたま薬剤に耐性をもつものが現れ，それが広がってしまうからだ．現代の医療にとって最大の脅威である病原体の薬剤耐性の出現は，ダーウィンの自然淘汰によって生じる進化の最もわかりやすい例なのだ．同じように最初は有効だった農薬が，菌や害虫に耐性が進化して効かなくなることもある．そのため，新たな医薬品や農薬を開発し続けないといけない．

癌にも，細胞レベルに生じた進化と見なしてよい側面がある．私たちの体の大腸や皮膚などでは，細胞を供給するために「幹細胞」が細胞分裂をし続けている．細胞分裂時のゲノム複製で，ごくまれにミスを起こすことがある．正常な細胞だと勝手には増えないようになっているが，それが壊れて制御が利かなくなり，他を押しのけて広がるようになる．非常に単純化すると，これが発癌過程といえる．もともと野外における動植物の進化を調べるために発展した数理的手法が，癌の理解や治療にも役立っている．

著者の山口幸さんは，奈良女子大学理学部の物理科学科を卒業後，大学院の情報科学専攻に進学し，フジツボ類など海洋生物の生活や性の進化についての理論を中心に研究を展開してきた．博士号取得後も，九州大学で博士研究員を，そして現在は神奈川大学工学部で教鞭をとりながら，海洋生物の性表現の数理的研究を続けている．山口さんは性配分理論を確立したチャーノフとも共著論文を執筆し，またフクロムシの世界的権威であるヘーグ（コペンハーゲン大教授）とも共同研究を進めてきた．日本数理生物学会や日本進化学会の研究奨励賞を受けている新進気鋭の研究者である．

本書では，ほぼすべての章が著者本人の研究成果の紹介になっている．この本を読んでいくと，著者に案内されて水族館を訪ねている気分になるかもしれない．次々と奇妙な生き物が現れ，異様な生活をしていて，著者から詳しい解説を聞くような．

本書のもう１つの特色は，そこに結構な量の数式が書かれていることだ．数理モデルが一見複雑な現象に見通しのよい理解を与えてくれることが本書のテーマである．山口さんは，問題の設定と答えを説明するだけには留めず，途中の解析のステップまで詳しく解説する．わかりやすく工夫されているとはいえ，何ページにもわたる議論に，本書を途中で投げ出したくなる読者がいないとも限らない．そのときには遠慮をせず，数式は適当に飛ばして，写真と図を眺めて最後の結論を拾い読みされたらよいと思う．ただ著者は，これらの数式の中の，計算操作の各ステップにこそ，海洋生物の生き方への理解が詰まっているのだ，という信念をもっているようだ．

フジツボといえば，私には懐かしい思い出がある．大学院で博士の学位を取得した後，スタンフォード大学で博士研究員として2年間過ごした．そのときの研究テーマの1つがフジツボの人口動態であった．フジツボは，幼生が船底に定着して成長する．表面がでこぼこになって船の速度が遅くなり燃料効率が悪くなるので，船舶にとっては古くからの大問題なのだ．私を雇用してくれたアメリカの研究費は，悪役であるフジツボの研究のためであったらしい．幼生が遠くから海流に乗ってやってきて，海岸に定着する．その後成長し互いに詰まってびっしりと生える．しかし嵐のときにはごそっとはがれ落ち，その空き地にはまた幼生が定着する．これを数理的に解析した．

山口幸さんはそれとは違って，フジツボの性に注目する．浅い海に棲む種は，それぞれの個体が卵も精子も作る雌雄同体である．ところが深い海にいくと，小さな雄専門の個体（矮雄）が出現し，大型の個体は雌になってしまうという．山口さんは，このように性の表現が海の深さで変わるのはどうしてかと問う．

フクロムシについては，水産学の研究者の話を思い出した．フクロムシは，カニの神経系に取り付いてその行動や生理をすっかり変えてしまう，カニは自らの卵を作るのをやめ，そのエネルギーをフクロムシの保護と栄養供給に振り向ける．フクロムシはカニに取り付くエイリアンのような存在，という恐ろしい印象を私はもっていた．

山口さんは本書で，フクロムシは実はフジツボの仲間だという．エイリアンのようにカニに取り付いて行動や生理を変えるのはフクロムシの雌で，雄は雌よりもずっと小さく，雌が作るポケットに収まっていて精子を供給するだけになるという．そのフクロムシにも，幼生のときにすでに雄と雌とに分かれていてサイズが異なるタイプと，雌雄の違いが見られずホストであるカニに取り付いてから性を決めるタイプとがある．山口さんは，どのような状況でそれぞれが進化するかという計算をしてみせる．

最近政府は，科学技術はイノベーションにつながる必要があるという．面白い研究をするだけではだめで，人々の福祉に，ときには新しい産業につながることが望ましい．たしかに物理学の研究も，青色発光ダイオードの発見とエネルギー効率の高い照明につながった．iPS 細胞は，さまざまな病気の克服につながりそうだ．いずれも素晴らしいと思う．生態学者も最近は，野外の生物の行動は面白いでしょう，みたいにはいわず，生物多様性保全という重要な意義のある研究活動をしている，と説明することが多くなった．細胞の分裂制御の研究は「発癌プロセス」，動物の発生の研究は「再生医療」，というように，基礎的な研究の紹介をするとき人々の福祉につながる可能性を強調して説明する．テレビでもゴミからエネルギーを作るなど，さまざまな夢の実現のために全力を挙げて努力する人々が紹介される．たしかに，科学が人々の生活改善に貢献できることは素晴らしい．

一方，フジツボの矮雄とか，フクロムシの性がホストに定着してから決まるかどうかなど，どういうふうにイノベーションにつながるのかと問われるとどう答えたらよいのだろう．フジツボを対象として深く研究すれば，すべての生物に当てはまるような基本原理が見つかり，最終的には人々の福祉にも大きく貢献すると思うので，長い目で見てもうしばらく待ってください，とお願いするほかはあるまい．

フジツボに関していえば，それは単なる言い訳とはいえない．チャールズ・ダーウィンは自然淘汰を説明した『種の起源』を書く前に，8年間ほどフジツボ類の研究に没頭している．フジツボを解剖し，それらの分類を詳細に調べることで，もとは1つであった種からさまざまに分かれたこと，またそのときに生存や繁殖に役立つよう変化してきたことを確認し，自然淘汰に基づく進化論というダーウィンの基本的アイデアを完成させたのだ．ダーウィンの進化論は，まさにフジツボ類の研究から生み出されたといっても過言ではない．だから山口さんの矮雄の研究も，生命界を統べる基本原理の発見と，人間の福祉への多大なる貢献につながらないとも限らない．ただその成果が最終的に人々の生活をよくするまでには，多少時間がかかるので，長い目で見る必要があるだろう．

索　引

【人名】

【生物名】

【欧文】

著　者

山口　幸（やまぐち さち）

2009年　奈良女子大学大学院人間文化研究科博士後期課程修了

現　在　神奈川大学工学部情報システム創成学科 特別助手 博士（理学）

専　門　数理生物学

コーディネーター

巌佐　庸（いわさ よう）

1980年　京都大学大学院理学研究科博士課程修了

現　在　九州大学大学院理学研究院生物科学部門 教授 理学博士

専　門　数理生物学

共立スマートセレクション 1

Kyoritsu Smart Selection 1

海の生き物はなぜ多様な性を示すのか

—数学で解き明かす謎

Diversity of sexual systems in marine organisms —a mathematical approach

2015年11月15日　初版1刷発行

著　者　山口　幸　© 2015

コーディネーター　巌佐　庸

発行者　南條光章

発行所　**共立出版株式会社**

郵便番号　112-0006

東京都文京区小日向4-6-19

電話　03-3947-2511（代表）

振替口座　00110-2-57035

http://www.kyoritsu-pub.co.jp/

印　刷　大日本法令印刷

製　本　加藤製本

一般社団法人
自然科学書協会
会員

検印廃止

NDC 461.9

ISBN 978-4-320-00901-1

Printed in Japan